甘蔗轻简高效栽培技术理论与实践

邓 军 杨绍林 李如丹 樊 仙 主编

中国农业出版社

农村读物出版社

北 京

本书是编者在多年来的研究和生产实践中积累的成果基础上整理汇编成的，不仅包括甘蔗轻简高效生产物资的研发，还包括相关配套的标准化栽培技术的理论研究与生产实践。本书系统地从机械化、轻简施肥、全膜覆盖和集成创新等方面对甘蔗轻简高效栽培技术进行了详细的阐述，主要内容包括作物轻简高效栽培研究进展、甘蔗轻简高效栽培概述、甘蔗轻简高效生产物资、甘蔗机械化生产技术、甘蔗轻简高效施肥技术、甘蔗全膜覆盖栽培技术、甘蔗轻简高效集成栽培技术的示范与应用、甘蔗轻简高效栽培技术标准与发展共8章内容。

本书是全面研究甘蔗轻简高效栽培技术理论与实践的一本专业书籍，可为甘蔗农艺农机科技人员、甘蔗生产管理人员、制糖企业农务人员和甘蔗农资企业技术人员提供借鉴和参考。

内容简介

编写人员名单

主编　邓　军　杨绍林　李如丹　樊　仙

参编　刀静梅　高欣欣　方志存*　张跃彬

　　　　郭家文　刘少春　全怡吉　刘高源

　　　　元　欣　唐国磊　李复琴

---

* 方志存，屏边苗族自治县农业农村和科学技术局种子管理站。

前　言　*Foreword*

　　轻简高效栽培是现代农业发展的趋势。目前，轻简高效栽培技术主要有机械化生产技术、轻简施肥施药技术、覆盖栽培技术等。轻简高效栽培的关键是提质增效、节本降耗，不仅要依靠先进高效的技术、装备，还要综合运用现代先进科技，并积极创新改革，简化繁杂的栽培种植程序，优化种植技术，节省用工，降低劳动强度，减少或优化资源投入，提高效率，从而达到高产高效、优质低耗的目的。也正因为其符合农业的发展和农民的需求，轻简高效栽培技术吸引着诸多科研工作者、农技推广者和农业生产者对其进行研究和探索。

　　甘蔗是我国重要的糖料作物，是食糖的主要来源，甘蔗产业更是边疆少数民族地区脱贫致富的长效产业。近年来，随着城镇化进程加快，农村劳动力严重短缺，甘蔗产业发展将长期面临请工难、用工贵的挑战，加上云南甘蔗生产面临冬春少雨干旱的生产实际状况，已严重影响甘蔗产业发展。2009年以来，云南省农业科学院甘蔗研究所农机农艺团队对甘蔗轻简高效栽培技术进行了深入研究，总结形成了以机械化生产、功能地膜全覆盖、一次性施肥为主的轻简高效栽培技术，并创新了甘蔗技术推广模式，科企结合，采用"公司＋基地＋农户"的推广模式，大面积示范推广了甘蔗轻简高效栽培技术，还成功地将其推广到缅甸、老挝等国家，成为全国依靠科技实现甘蔗产业节本增效的典范，也为全国甘蔗轻简高效栽培树立了榜样。

　　本书共8章，第一章由邓军、杨绍林编写；第二、三章由邓军、李如丹、樊仙编写；第四章由高欣欣、方志存、郭家文、李如丹、刘高源编写；第五章由樊仙、刀静梅、刘少春、郭家文、邓军、张跃彬编写；第六章由邓军、李如丹、元欣、唐国磊编写；第七章由邓军、全怡吉、李复琴编写；第八章由邓军、张跃彬、郭家文编写。本书中引用了国内外许多有关论文的资料，这些资料对顺利完成本书编写发挥了重要作用，在此表示感谢。

本书获得了国家重点研发计划（2018YFD0201100）、现代农业产业技术体系建设专项资金（CARS-17）和国家科技富民强县（金平）专项计划的支撑和资助。

由于本书编者水平有限，书中如有不妥和疏漏之处，敬请各位同仁和广大读者批评指正。

编　者

2019 年 10 月

目 录 Contents

第一章
作物轻简高效栽培研究进展

我国是农业大国，农作物种植效益直接影响农户收入，集约型农业生产技术逐渐引起种植户的关注，轻便、简单高效的栽培技术在不久的将来会越来越受重视。近年来，随着农业生产资源投入的不断增加，增量不增效、高产高污染的现象愈发显著，传统生产习惯及模式早已不能满足现代农业的发展需求，减少用工量和降低劳动强度以及对传统的耗时费力、效率低、资源浪费严重的种植方式进行改革，发展一种高效集约、节本节能、轻简高效的技术，已经成为全社会普遍关注的焦点，轻简高效栽培也应运而生。轻简高效栽培技术的雏形是 20 世纪 70 年代末李璞研发的棉田免耕密植控草技术，其后是 1981 年刘凤仪发明的棉花简化高效栽培技术，通过简化施肥、耕作等程序，使得棉花的栽培管理程序轻简化，不仅使得田间管理用工量减少了一半以上，且平均产量增加了 14.5%。轻简高效栽培的关键是提质增效、节本降耗，不仅要依靠先进高效的技术、装备，还要综合运用现代先进科技，并积极创新改革，简化繁杂的栽培种植程序，优化种植技术，节省用工，降低劳动强度，减少或优化资源投入，提高效率，从而达到高产高效、优质低耗。

另外，轻简栽培作为农业生产的发展新方向，可将节省的劳动力、时间、资金等资源投入应用于发展第二、第三产业，有效解决"三农"问题，促进农业农村发展。目前的轻简高效栽培技术主要有机械化栽培技术、轻简施肥技术、覆盖高效栽培技术等，我国将逐步实现作物生产的集约、高效、可持续发展。

第一节　机械化生产技术研究进展

机械化生产是轻简栽培中一项极其重要的技术，通过机械操作来大量减少并替代大部分人工劳作，同时降低劳动强度、提高工作效率，所以，实现农艺和农机的有机结合是促进农业增效、农民增收、生产方式和产业结构转变的重要途径。我国机械化发展起步较早的有机械化整地，水稻机插机收，小麦机播机收，玉米和高粱机播、机械化培土（机耕）和机收，甘蔗机开沟下种和机械化培土等。目前，我国小麦、水稻、玉米和高粱已经实现全程机械化，发展了一机多用的机型谷王 CF50 等，可收获多种类型的籽粒，极大提高了生产效率。然而，许多机械设备及技术都是从国外引进的，没有自主知识产权，且推广示范试验基地极少，因此要积极进行合作开发，引进再创新，并做好推广示范和技术指导。例如，在甘蔗全程机械化方面，科企合作开发出了 2CZ‑2A 型和 2CZ‑2B 型甘蔗种植机、3ZD7.3 甘蔗中耕培土机、4ZL10 型和 4ZL28 型甘蔗装载机、宿根铲蔸机等 7 种机型，结合从国外约翰迪尔公司（John Deere）和美国凯斯公司（Case Corp）引进的中大型甘蔗联合收获机，以研究形成甘蔗全程机械化规范化生产技术为标准，首次在云南省（勐海县、陇川县）成功建立了 2 个 5 000 亩*（约为 333.3hm²）级的全程机械化示范区，并展现出良好的发展前景。因此，通过耕地区域规划和配套机械技术体系的发展，我国将逐步实现全程机械化，一次性完成收获‑整地‑精量施肥施药‑精播覆土覆膜等综合性田间作业，实现轻简高效栽培，所节约的大量人力、物力资源可极大提高我国第二、第三产业的发展能力及农业的生产力水平和质量。

一、机械化耕作配合施肥

在机械化整地、播种、培土的同时可配合新型肥料进行一次性

---

　　* 亩为非法定计量单位，1 亩≈667m²。——编者注

施用，如耕王 RS、RC 系列深耕、施肥播种一体化机，可有效节省播种施肥劳动力、提高生产率，对于建立高效的耕作制度、发展轻简栽培非常重要。

利用气力式变量施肥播种机在整地播种的同时完成肥料一次性施入，可大量减少人力操作环节；张宣等（2014）利用水稻插秧施肥机配合控释掺混肥，平均产量比手插配合常规化肥处理高16.3%，比直播配合控释掺混肥处理高 27.0%；与手插配合常规化肥相比，机插配合控释掺混肥处理的土壤中全氮、碱解氮和有效磷含量分别提高了 21.6%、13.6% 和 41.6%，土壤生物量碳含量提高了 27.1%，土壤中脲酶、过氧化氢酶及蔗糖酶活性分别提高了 50.0%、46.2% 和 22.2%；针对不同作物的配方缓控释肥一次性作基肥施用比常规多次化肥施用更好掌控、更符合作物各生长期养分需求，使得中小型作物栽培高产高效得以实现。再如，玉米推茬清垄精播一体化技术，一次作业可以同时完成推茬清垄、深旋松土、深层施肥、精量播种等环节，在提高作业效率、减少能量消耗的同时，提高了秸秆覆盖条件下的播种质量，并且一定程度上有效防止了秸秆焚烧污染大气，能改良耕层土壤结构、提高土壤肥力，有明显的增产增效和绿色环保等多种功效，为玉米等高秆作物的轻简、高产、高效栽培和绿色安全生产提供了新的技术途径和技术支撑。

二、机械化免耕直播

由于免耕技术与直播技术的有机结合具有明显的轻简省工、节本增效的特点，目前国内外已取得了大量的研究成果并得到了广泛的应用。免耕直播一般选用生育期短、抗性强的作物品种，运用较为先进的灌溉设备及机械设施，使用覆盖轻简栽培技术或施用广谱无残留的除草剂等，要求精确灌溉并控制杂草。机械化免耕直播有效解决了我国传统耕作方式中农民费时费力的问题，极大降低了劳动强度，节省了时间成本，提高了劳动效率和经济效益，达到了轻简高效的目的。免耕直播可有效减少耕地的肥料使用，减轻水土侵蚀，改善耕作层土壤结构，改善和保护土壤动物和微生物群落，有效促进农田生态平衡。此外，免耕直播可以减少旱地耗水量、机耕燃油量以及机耕作业费用等，被认为是一项保护性耕作措施。国内目前在棉花、水稻、玉米、小麦、油菜、大豆等作物上开展了该项技术的广泛研究和应用。

结合免耕直播机械、滴灌施肥、膜下滴灌施肥、秸秆覆盖还田、膜下秸秆覆盖还田等方面的配套技术成果及应用在不同区域开展了相应的推广。孙化军等（2015）通过对免耕栽培技术的研究与应用，总结出了一套切实可行的麦茬夏大豆机械化高产栽培技术，即采用免耕精量机械播种，同时进行秸秆覆盖还田，不仅节约种子，且轻简高效，机械一次进地即可实现覆秸、播种、施肥、镇压等环节，轻简高效可持续，为豫东及周边地区机械化轻简栽培技术的研究及推广起到了很好的带头、示范作用。

三、机械化秸秆还田

机械化秸秆还田是在秸秆覆盖还田的基础上，充分利用机械化以减少劳动用工量、降低劳动强度、提高产量和生产效率，与此同时，有利于耕作标准化和作物生产标准化，有利于作物栽培的轻简高效可持续生产。目前正在进行秸秆还田机械化推广研究的作物主要有水稻、小麦、玉米、高粱以及甘蔗（蔗叶）等，与此同时，可以进行间套作的作物主要有豆科绿肥，如大豆、蚕豆、紫云英、草木樨等，非豆科绿肥如黑麦草、苏丹草等，在进行主作物机械收获的同时对绿肥和作物秸秆废弃物（粉碎）翻压，可培肥地力、减少施肥量和施药量、减少用工、提高作物品质。如陈国奖（2012）利用紫云英还田，在稻田进行化肥减施试验，每公顷翻压紫云英30t，能减少20％～40％化肥施用量，产量与常规施肥处理相比没有差别，且改善了土壤理化性状，提高了土壤有机质含量，提高了作物品质和产量，达到了轻简高效可持续的效果。

秸秆还田可有效保持农田系统能量和物质的良性循环，形成一个稳定的、循环程度较高的生产系统。但是，目前我国农村劳动用工涨价、劳动力严重缺乏，所以要充分利用机械化，加强秸秆腐熟剂、绿肥间套作、秸秆粉碎覆盖、机械深翻结合机械收获的使用，以提高人力、作物秸秆、肥料等农业资源的使用效率，有效增强农业循环系统稳定性和循环程度，可作为一项轻简高效可持续农业发展的重要措施。

因地制宜，紧紧依靠先进科技、机械、设施和科学管理集成探索，实现农业资源优化配置，实现低能耗、高效优质、绿色安全生产是实现我国高效可持续农业的重要途径。由于目前我国大部分地区耕地零散，特别是西部和南部区域，地形复杂、农业基础设施缺乏、农业机械化作业效率低，配套设备及技术缺乏、滞后、规范性差，是限制我国农业机械化发展的主要障碍。今后应将中小型农用设备及机械列为重点研究对象，统一机架及其配套机械组件设备，并且同时着手对耕地进行区域规划、作物区域化管理，进而发展大中型机械，并逐步实现全程机械化。全程机械化轻简栽培技术的精髓是改变传统耕作方式，即改变整地、播种、管理和收获方式，改变施肥措施，改变收获时间和收获方式，整改地形，加强水利和道路基础设施建设，增加规划性连片种植面积。大力发展全程设施化、机械化作业技术，可降低劳动强度、减少劳动量和成本，易于被种植户接受，有很好的推广应用前景。

第二节　轻简高效施肥技术研究进展

肥料是为植物提供必需营养元素、改善土壤性质、提高土壤肥力的一类物质，也是农业生产中最重要的物质基础之一。我国化肥产业自 1949 年开始迅速发展，由常规化肥品种向高浓度和复合化方向迈进。根据现代土壤肥料学研究成果，土壤对大部分养分离子具有良好的吸附能力，能保持养分不淋失。然而，由于没有给予合理的施肥技术指导及肥料总量控制，导致肥料施用不合理，如过量施肥、表土施肥（撒施）等不合理的施肥方式长期以来形成了习惯，化肥实际利用率还不足 30%，尤其是磷肥（10%）和氮肥

（30%），到 2013 年，我国 N、P_2O_5、K_2O 的施用量分别是 296.8kg/hm^2、109.4kg/hm^2、39.7kg/hm^2，分别为世界平均施肥量的 4.3、4.2、2.3 倍（FAO Statistical Yearbook，2013），还给耕地土壤带来了一系列严重问题，肥料流失严重，污染事故频发。据中国科学院南京土壤研究所的调查结果，我国每年有超过 123.5 万 t 纯氮经地表水进入江河湖泊，有超过 49.4 万 t 直接进入地下水，还有 209.0 万 t 进入大气。此外，长江、黄河、珠江每年流入海洋的液态无机氮达 97.5 万 t，其中 90% 以上来自农业，而氮肥就占了 50%，流入江河湖泊的农业污染源是工业排放的 5 倍以上。因此，为了寻求解决途径，必须从新型高效肥料、高效施肥技术上寻求改革，新型肥料、轻简高效施肥技术必将成为我国作物轻简栽培可持续发展的重要途径之一。

一、肥料种类

按物理状态可将肥料分为流体肥料和固体肥料。目前固体肥料为传统肥料市场的主导，主要有氮、磷、钾的单质肥、复合肥、水溶肥、有机无机复混肥、包膜肥（缓释肥、控释肥）、掺混肥、生物肥、工业有机肥等，其中又分为平衡型（15－15－15、20－20－20）、高磷高钾促根型（9－30－25）、低磷型（20－10－20）、高钾型（0－5－48）、高磷促根促花型（10－52－7）等。近年来，很多肥料趋向于制成流体肥，在其中有针对性地掺入微量元素肥料、农药及菌剂，制成多功能的流体复合肥料，便于管道运输以及施肥与灌溉（喷灌、滴灌）的结合，有节水和省肥、省工的优点，对提高效率和轻简化非常有效。流体肥料按肥料被植物选择性吸收后对土壤的影响，可分为生理中性肥（碳酸氢铵、硝酸铵、尿素等）、生理碱性肥（硝酸钠、硝酸钙等）、生理酸性肥（硫酸铵、氯化铵等）；按化学性质，可分为酸性肥料（硫酸铵、硝酸铵、氯化铵等）、碱性肥料（磷酸二氢钾、碳酸钾、氨水等）以及中性肥料（硫酸钾、碳酸氢铵、硝酸钙等）；按肥料中养分的释放速度以及对植物的有效性，可分为缓释肥、控释肥、迟效及长效肥和速效肥。

另外聚磷酸钾、聚磷酸铵、液氨等，因具有副成分少、养分浓度高等优点，将成为我国大力发展的主要优质化肥种类。

新型肥料是指符合行业或企业标准，含有大量植物可吸收的有机、无机矿物质养分及对植物生长有利的微生物菌剂，进而经物理、化学、生物等方法加工处理而成的肥料。新型肥料有效改善了传统肥料利用率低下和施用过量造成的一系列问题，如果正确施用，不仅可以提高肥料利用率，达到增效增产、有效减少污染的目的，而且满足发展高产高效、绿色环保的可持续轻简农业的必然要求。目前，主要的新型肥料有缓（控）释肥、水溶肥、含微生物肥、液体肥、含腐殖酸尿素肥、含腐殖酸复合肥、含海藻酸肥料等。

20世纪90年代中后期，我国以轻简施肥为代表的轻简农业已成为热点。轻简施肥以提高肥料利用率、减少肥料浪费为目的，主要体现在缓（控）释肥的使用以及水溶肥、液体肥的水肥一体化。缓（控）释肥作为轻简施肥的一种物质载体，不仅养分的释放与作物的营养需肥规律相吻合，实现了一次性轻简施肥，节省了施肥用工，而且有利于提高肥料利用率，可以节约1/3以上的肥料资源。缓（控）释肥是目前发展最为迅速的一种新型肥料，主要存在形式有缓（控）释肥掺混肥、硫包衣缓（控）释肥、脲醛缓（控）释复混肥等。缓（控）释肥的核心理念就是根据作物各生长时期的需肥量以及耕地养分状况控制肥料养分释放的时间，施用后可有效提高肥料利用率，有效减少作物生产投入量，提高生产效率。缓（控）释肥就是运用现代肥料造粒技术和包膜技术，在肥料中加入特殊的天然养分载体物质，制成大粒包膜肥料，可以控制养分的释放，使施入的肥料肥效稳而长，满足作物整个生长发育过程养分种类的平衡和量的需求，从而达到省肥增产的目的。缓（控）释肥不仅能减少施肥次数，还能增产，实现了轻简高效，而缓（控）释掺混肥不但有控释肥不烧苗伤根、肥效稳定、有效期长、利用率高、提高作物抗性、改善品质的优点，还有多种针对性的养分组合的套餐肥，运输及库存成本低、配方可灵活调整，以便于针对具体的土壤肥力、pH、缺素状况等进行配方组合施肥，在现代农业中具有广阔的应用前景。

随着缓（控）释肥的研制与推广应用，不仅减少了肥料使用量，最重要的是减少了施肥次数和肥料流失，降低了施肥用工和农业生产成本，实现了轻简高效施肥。缓（控）释肥适用于大宗粮、油、棉及主要经济作物，目前在我国作物生产上的应用范围正在扩大，已经处于应用阶段的主要有水稻、甘蔗、烤烟、玉米、小麦、棉花等的专用缓（控）释肥。例如，甘蔗专用肥有释尔富控释配方肥（15 - 15 - 15）、脲醛复合肥（27 - 11 - 11）、雅苒复合肥（15 - 15 - 15）等，得到了应用推广。胡业功（2015）进行了水稻专用控释掺混肥一次性基施试验，与当地推荐常规配方施肥处理（基肥＋追肥）相比，增产了 7.4%～15.4%，氮肥利用率平均提高了 10.4 个百分点，达到了水稻轻简施肥高产高效的目的。另外，研究资料显示，施缓（控）释掺混肥可增加土壤非腐殖质含量和有机质含量；缓释包膜肥及控释剂的化学性能稳定，且吸附能力强，可把养分固定在土壤中按需释放。缓（控）释肥包膜材料生产工艺复杂，价格高于常规肥料，同时大量包膜剂为高分子材料，在土壤中难以降解，容易造成二次污染。因此，应努力开发新型包膜控释材料，既环保可持续，又节能减耗，提高作物生产效率。

二、施肥方法

目前，我国施肥方法主要有传统施肥（撒施、穴施、喷施、条施、分层施肥）、配方施肥、设施施肥（精准施肥）。

撒施主要用于追施化肥，由于操作比较简便，且省时省力，也是目前使用最普遍的施肥方法，然而除少数作物外，这种施肥方法也是导致肥料流失率高、利用率低下、水土污染的最主要原因之一。由于撒施的肥料暴露在土表，不利于根系吸收且易淋失，加上氮肥如尿素等撒施后若不及时覆土则易受热分解、挥发，利用率极低，导致农民认为肥料施用量不够，有意识地提高施肥量，进而又加重了肥料的流失、土壤板结，严重降低了土壤质量，这一施肥习惯最终导致农业生产资源投入量增加、农产品利润降低、环境污染，农户对栽培生产失去信心。条施和分层施肥主要用于基肥，在整地开沟时施入，这种施肥方法配合新型缓（控）释肥或缓（控）释掺混肥、有机肥一次性施入，既可以提高土壤肥力，还可以使肥料利用率提高、减少肥料流失、减少工时。穴施、喷施分为人工施肥和设施施肥 2 种，主要用于追肥，设施施肥还包括水肥一体化精准施肥。

配方施肥适应面极广，是目前我国生产上正在大力推广的施肥方法之一，可配合传统施肥以及设施施肥，也可指导肥料生产。配方施肥主要根据耕地土壤质地、pH、肥力、氮磷钾含量比例、作物肥料利用率和目标产量进行施肥。经过近年来配方施肥的实践和发展，又提出了根据作物各生长时期养分需求量、养分积累状况、肥料利用率，结合耕地土壤状况进行施肥的方法，即通过实验室分析土壤养分状况和各时期植物组织、器官所含的矿物质营养成分，计算出达到目标产量所需施肥的种类和施肥量，进而配合传统施肥和设施施肥的方式进行施肥。由于土壤状况决定了肥效的大小（土壤肥力受质地、耕作和施肥技术等以及养分淋溶等因素影响），因此土壤肥效存在非常明显的时空变异性。所以在生产上应在作物生产区进行定期的测土配方施肥试验，并提出区域尺度上的各主栽作物的配方肥，以供农户使用，可有效避免肥料浪费和水土污染。

欧美等地区于 20 世纪 80 年代开始研究精准施肥（设施施肥），目前设施施肥主要有机械条施、机械施肥枪穴施、滴灌施肥、压力水肥喷施等，并向自动化、智能化迈进。对于作物需肥量的判断和控制技术，除实时监测系统外，还有光谱辐射技术和卫星遥感技术，作物的精准施肥从而得以实现。如 1994 年美国明尼苏达州农场用全球定位系统（GPS）指导施肥的作物产量比传统施肥方式下产量提高了 30% 以上。另外，还有自动变量施肥机控制系统等，对作物增产的贡献率达 40%～60%。20 世纪末，我国新疆棉区开始采用设施农业战略，为我国实施精准灌溉施肥奠定了基础。设施农业技术在精准施肥和灌溉上应用最为成熟。但设施轻简施肥在我国的应用也存在一些问题，首先，我国各作物种植区域较为分散，特别是西南地区；其次，所用仪器、机械价格昂贵，加上采集土壤数据困难、结果准确性差；再次，国内设施轻简施肥控制技术、机械设备技术研究相对滞后等问题严重限制了我国设施施肥技术的应用。设施施肥需要机械设备、水利基础设施和监测设备的大力投入，但同时也省时省力、集约高效，可更加有时效地把握作物的生长状态、水肥需求量，且便于操作，更重要的是设施施肥极大程度地减少了肥料施用量，提高了耕地质量，同时也为新型可持续农业发展做出了重要的贡献。

第三节　覆盖栽培轻简技术研究进展

覆盖栽培技术主要有秸秆覆盖栽培技术和覆膜栽培技术。作物覆盖栽培可使土壤环境保持在相对稳定的状态，保温保墒并抑制病虫草害，同时可有效提高化肥利用率，有效减少农药及化肥的使用量，减轻农药、化肥对环境的污染，符合轻简高效栽培的农业可持续发展需求。目前我国的覆盖栽培以覆膜栽培技术为主，薄膜覆盖栽培不仅操作简便，而且保墒保温效果相对较好，目前推广应用的地膜类型主要包括有色地膜、反光地膜、光解地膜、耐降解地膜、除草地膜、降解除草地膜等，覆盖方式有全膜覆盖和半膜覆盖、人工覆膜和机械化覆膜等。

一、秸秆覆盖还田

长期进行秸秆覆盖还田不仅能改善和稳定土壤环境、减少病虫草害，还能有效降低肥料施用量以及农药施用量，最终整体改善农业生产环境。秸秆覆盖还田在内容上可分为2类，一类是同类作物的秸秆、叶片覆盖还田，如蔗叶覆盖还田以及小麦、玉米等的覆盖还田，同类作物秸秆还田简易高效；另一类是不同类作物秸秆、叶片覆盖还田，如葡萄田内利用干枯杂草、稻秆、玉米秸秆等覆盖还田，这类覆盖还田不仅能高效防除杂草，还能通过改变生态微环境有效杜绝大部分虫害。秸秆覆盖还田在方式上可分为5类，一是人工作业，收获后就地覆盖免耕播种或进行深翻还田；二是在机械化收获的同时进行深翻或者分段、粉碎覆盖；三是传统覆盖＋尿素溶液喷施；四是传统覆盖＋菌剂喷施；五是膜下秸秆覆盖还田。后三者可加快覆盖秸秆的分解，是传统秸秆覆盖还田方式下秸秆分解速度的2倍以上，能形成和维持小粒径团粒体、增加土壤腐殖质和有机质含量，能更加有效地改善土壤环境，提高作物品质和产量。另外秸秆覆盖还田还能减少土壤被雨水侵蚀、减少土壤肥料淋失。

化肥施用不足或过量都会降低作物产量和质量。在提高产量和质量的同时，若要省工、节肥、增效，就必须把轻简、高产、高效栽培技术与养分管理技术进行有机结合，发展可持续的循环农业，种养结合，废物循环利用。秸秆还田以及有机肥、绿肥对于养分归田、土壤质量提升、部分替代化肥等具有重要意义。采用秸秆还田，使绿肥、秸秆在土壤中腐烂分解为有机肥，增加土壤矿物质和腐殖质含量，进而形成土壤团粒结构，改善土壤理化性质，防止土壤板结，同时保温透气、保水保肥，使大量废弃秸秆叶片变废为宝，同时还能提高耕作层有益动物、微生物的生理活性，提高土壤酶活性，从而有效提高农产品的产量和品质。在秸秆还田基础上，对下茬作物的施肥方案应进行适当调整，在提高基肥氮施用量的同时，降低钾肥的施用量。在有条件的区域，还要大力推广施用秸秆腐熟堆肥、畜禽粪尿加秸秆腐熟堆肥、沼渣沼液等；同时要加大农村基础设施建设力度，如农用机械、农田水利设施、沼气池、堆肥池等，对种养结合废物循环利用替代部分化肥的轻简可持续农业发展具有重要意义。

二、地膜覆盖

作物覆膜栽培可免除杂草，配合新型肥料作基肥一次性施入可免施追肥，可有效节省工、水、肥、药，提高作物的产量、品质，提高生产效率和效益。因此，该技术不仅解决了传统农业用工费时多、耗能高、效率低、对土壤环境破坏重的问题，一次作业还可完成多项作业环节，免除草、免追肥，符合轻简低耗高效型可持续农业的发展要求。

目前，覆膜栽培技术已经大面积推广，分为全膜覆盖和半膜覆盖。在干旱、半干旱地区全膜覆盖效果明显优于半膜覆盖，可以增加土壤含水量并提高温度，可有效提高冬、春植作物出苗率和出苗整齐度，进而有效提高作物产量和品质，目前应用的作物主要有甘蔗、玉米、烤烟、棉花等。付亚珍（2015）根据对物候期及产量的调查，对相同厚度的地膜进行了比较，发现白膜覆盖的作物成熟最早且产量最高；黑膜覆盖的作物虽然产量有所增加，但从整体效益来看，由于投入相对较大，导致最终效益最低，甚至低于对照的直播效益；另外，不建议使用高成本的降解膜进行覆盖栽培。全膜覆盖双垄沟播技术是一项具有代表性的显著节本增效的旱作覆膜高产栽培技术，可使土层水汽和无效降雨得到有效汇集和叠加，使全生育期中的不均匀降雨得到均衡利用，可将旱地水资源利用率从45%左右提高到70%以上，在明显提高土壤水分含量的同时还能有效提高地温、抑制害虫及杂草生长，从而降低农业资源及费用（除草剂、肥料、苗前及苗期灌水等）的投入，最终实现显著的节本增产增效。旱地甘蔗除草地膜全覆盖栽培技术是目前稳定提高旱地甘蔗产量的主要措施之一，新植或宿根蔗至少可增产 $30t/hm^2$，且糖分增加 1.6 个百分点，甘蔗提早成熟 30d。

但是由于一般地膜在田间分解较为困难，容易产生污染，而易分解的地膜又因为价格较贵而不易被接受，因此我们应该大力提倡地膜回收再利用，研发无污染、易降解、低价的地膜。与地膜覆盖栽培相比，秸秆覆盖栽培具有独特优势，不仅有地膜保墒、保温、防除杂草的优点，同时可以培肥地力、减少化肥和农药施用量、改良土壤结构、便于机械操作，绿色无污染，值得大力开发推广。

第四节 存在问题及发展建议

一、因地制宜做好区域规划

我国不同区域大部分耕地类型、作物种植种类都比较零散，对集约化管理、设施栽培的实施产生了极大阻力，因此，要做好从气候、土壤环境区域规划到作物区域规划的跨越，这是实现真正意义上的轻简栽培的基础。为此可以建立气候、土壤资源信息管理系统，进而建立相应的作物资源信息管理系统。首先，要对土壤从气候、地理、质地演变、土壤数量和质量上进行分类，结合当地特有植物和主栽作物，进行土壤功能评价，并建立完善的信息遥感系统，经过对云端数据的分析整理，应用好云计算等云端服务技术，进一步对土壤耕作区域进行规划，配以合适的作物类型，以达到农作物经济效益最大化；然后可以通过植物营养学与分子生物学，对土壤片区进行作物区域规划，根据土壤功能与土壤生物系统，针对片区内土壤存在的问题进行质地改良、污染控制和修复、培肥等调控，有利于实现集约化设施栽培；大力推广承包作业、订单作业、一条龙作业等服务方式，实现可持续农业轻简栽培。

二、做好大区域总量控制

不同地区土壤肥力及施肥水平差异很大。有的地区土壤肥力较强，适合减量施肥以及土壤循环系统稳定性的保持；有的由于土壤肥力较弱，适合土壤培肥改善土壤环境。要因地制宜配合不同的先进施肥技术和耕作技术，实现真正的轻简高效可持续，因此轻简施肥不能千篇一律。首先要充分调查当地气候环境、土壤肥力等土壤状况，持续深入开展作物需肥特性、养分吸收分配特征、肥料效应的研究，探明各作物的营养最大效率期和营养临界期；再者对当地环境及农民肥药施用习惯有较为全面的了解也极其重要，只有这样，才能制订合理的方案，逐步改变不合理的施肥习惯，改变用肥结构。要改变不合理的施肥习惯和用肥结构、实现施肥减量，就要发展轻简高效栽培可持续农业，其关键就是要应用好区域总量控制配肥技术，同时做好"区域大配方、局部小调整"，将不同轻简高效栽培技术进行有机结合与集成。

"区域大配方"就是在总结作物需肥特点、大区域土壤养分供应特点，以及生产体系和种植制度特点等共性规律的基础上，以养分资源统筹管理相关技术原理为基础，确定作物区域，规划氮、磷、钾等肥料的种类、适宜用量、比例，并对各区域土壤肥力状况、作物营养情况进行实时监控，以技术和市场服务研发作物区域配方肥料为技术载体，配以相应的土壤保护耕作制度、肥料、施肥技术等指导服务以及片区示范，实现高产优质、资源高效利用和绿色环保的轻简高效可持续农业。区域作物配方肥的大面积应用可以在区域范围内有效减少农户施肥量过多或过少、养分不均衡等现象。

"局部小调整"就是在区域作物大配方的基础上，针对局部区域、田块的作物产量水平、营养吸收和积累状况、土壤状况的实时监控数据等调整施肥量并配施一定量的单质肥，对配方及施肥方法进行微调，实现更为精确有效的阶段性养分管理。各地应加强土壤状况和对应作物生长状况的监测，做好区域作物种植规划，控制总量，并确保肥料企业按方配肥，在提供区域性大配方的同时提供因地制宜的局部小配方。

三、制定好相应的标准及技术规范

随着施肥习惯和产量水平、作物耕作制度水平的变化，土壤养分供应水平也不断变化，进而使得各种肥料的施用效果不同，增产效应也随之提高或降低。因此，要根据各作物的区域布局情况，广泛开展田间肥效试验，结合长期定位试验，掌握各片区最适主栽作物对应土壤肥力变化及其对各种肥料效应的影响，进而不断优化作物的养分补给配方和施肥技术。为了促进养分还田、改善土壤状况并保持农业生态平衡，应大力提倡绿肥间套作、秸秆覆盖还田，化肥要配合堆肥、工业有机肥使用，在满足作物对养分需求的同时避免土壤环境恶化。因此，相关部门应该制定一系列相对应的标准及技术规范。

①要加大对农业机械、农用地膜、滴灌设备等设施的资源投入，并制定相关标准和技术规范。

②要因地制宜，根据土壤状况、气候环境，做好作物产区规划，同时做好相应的配套技术体系和资源配置，实现集总量控制、简化生产环节、资源集约化配制为一体的新型轻简栽培模式，如"土壤气候环境-作物产区规划-新型配方肥料-设施技术体系-生产销售"模式。

③要建立大区域化肥施用总量控制技术指标体系，并结合大区域作物配方施肥，主要控制施肥过量和养分不均衡现象。

④要制定肥料生产及使用技术规范，包括其服务规范、经销商经营规范等。

⑤要做好新型肥料的标准制定和标准体系梳理工作。

⑥要制定工厂废弃物利用规范及强制性标准。

⑦要加强农村基础设施建设，特别是农田水利设施如蓄水池、有机肥堆肥池、沼气池等，制定相应的地区标准，以便于实施机械化绿肥还田、秸秆还田，增施有机肥，提高土壤质量，逐步实现有机肥替代化肥。

我国现代农业的发展最缺乏的就是创新，要在精神和物质上加大鼓励创新的力度，特别是跨科技领域创新和领域间交叉集成的创新，加强对设施技术体系（农用地膜、滴灌设施、自动化设施、遥感监测设施等）以及新型肥料和施肥技术研发体系等轻简农业技术体系的投入和创新力度；要通过土地承包经营权流转和股份制，进行区域化的集约化、标准化生产，同时建立示范片区，扩大经营规模，要让作物生产区域化、设施栽培生产标准化和产业化经营等观念逐步被广大农民接受；要提高农业生产效率，加速劳动力转移，增强农民创收积极性，进而转变生产方式，提高综合生产力和创新力，促进第二、第三产业的发展，使传统农业朝服务型农业的方向发展；要坚持走创新驱动型、资源集约循环利用型、环境友好型、轻简高效可持续型农业生产发展之路，加速社会主义新农村建设，早日与"一带一路"倡议接轨。

参 考 文 献

陈国奖，2012. 紫云英还田＋减量施肥对早稻产量及效益的影响 [J]. 福建农业科技（6）：56-58.

陈建秋，2006. 包膜控释肥对烤烟生长及品质的影响 [D]. 泰安：山东农业大学.

杜志宏，张福耀，平俊爱，等，2006. 高粱艺机一体化高产机械化轻简栽培技术 [J]. 种植技术（8）：62-64.

付亚珍，2015. 玉米机械覆膜播种一体化轻简技术高产示范初报 [J]. 农机与维修（6）：164.

何电源，1994. 中国南方土壤肥力与栽培植物施肥 [M]. 北京：科学出版社.

胡业功，2015. 包膜缓释尿素养分释放特性及水稻轻简施肥效应研究 [J]. 基层农技推广（6）：11-14.

兰志华，2014. 玉米机械覆膜播种一体化轻简高产栽培模式探究 [J]. 农业开发与装备（10）：103-104.

李成宽，屈再乐，张贵苍，等，2016. 芒市旱地甘蔗除草地膜全覆盖轻简高效综合配套栽培技术 [J]. 中国糖料，38（4）：49-50.

李丽，胡长青，樊荣琦，2008. 控释肥生产工艺的研究 [J]. 安徽化工，34（1）：38-39.

凌启鸿，张洪程，2002. 作物栽培学的创新与发展 [J]. 扬州大学学报（农业与生命科学版），23（4）：66-69.

刘凤仪，1983. 简化棉花高产栽培技术程序的初步探讨 [J]. 山东农业科学（1）：13-17.

刘贵，2016. 呼和浩特市玉米全膜覆盖双垄沟播技术集成 [J]. 中国农机推广（8）：40-41.

刘伟明，2005. 精准农业及其应用 [J]. 安徽农学通报，11（6）：8，35.

娄赟，陈海斌，张立丹，等，2016. 缓/控释肥料对果蔗产量及氮素利用率的

影响 [J]. 热带作物学报，37 (2)：262 - 266.

孙化军，张琪，闫向前，等，2015. 麦茬夏大豆机械化免耕高产栽培技术 [J]. 中国种业 (2)：71 - 72.

王树林，刘好宝，史万华，等，2010. 论烟草轻简高效栽培技术与发展对策 [J]. 中国烟草科学，31 (5)：1 - 5.

吴玉林，2003. 稻田油菜免耕直播施肥技术研究与示范 [D]. 长沙：湖南农业大学.

张福锁，2016. 减量增效要落脚到绿色增产模式上 [J]. 农村科学实验 (2)：9 - 10.

张福锁，王激清，张卫峰，等，2008. 中国主要粮食作物肥料利用率现状与提高途径 [J]. 土壤学报，45 (5)：915 - 924.

张书慧，马成林，杜巧玲，等，2004. 精确农业自动变量施肥机控制系统设计与实现 [J]. 农业工程学报，20 (1)：113 - 116.

张宣，丁俊山，刘彦伶，等，2014. 机插配合控释掺混肥对水稻产量和土壤肥力的影响 [J]. 应用生态学报，25 (3)：783 - 789.

赵明，马玮，周宝元，等，2016. 实施玉米推茬清垄精播技术实现高产高效与环境友好生产 [J]. 作物杂志 (3)：1 - 5.

赵其国，沈仁芳，滕应，2016. 中国土壤安全"一带一路"发展战略的思考 [J]. 生态环境学报，25 (3)：365 - 371.

郑立臣，宇万太，马强，2004. 农田土壤肥力综合评价研究进展 [J]. 生态学杂志，2 (5)：156 - 161.

BLACKMORE S, 2000. The interpretation of trends from multiple yield maps [J]. Computers and Electronics in Agriculture (26)：37 - 51.

CHAVES B, DE NEVE S, BOECKX P, et al. , 2006. Manipulating the N release from ^{15}N labeled celery residues by using straw and vinasses [J]. Soil Biology and Biochemistry, 38 (8)：2244 - 2254.

DABERKAW S G, MCBRIDE W D, 1998. Adoption of precision agriculture technologies by U. S. corn producers [J]. Journal of Agribusiness, 16：151 - 168.

HAN S F, YONG H, 2002. Remote sensing of crop nitrogen need sand variable - rate nitrogen application technology [J]. Transaction of the CSAE, 18 (5)：28 - 33.

HONG K P, 1993. Influence of growing location，culture practices and application of organic manure on grain yield and quality in rice (*Oryza sativa* L.) [J]. Agriculture Science Rice, 35 (2): 41 – 46.

JIANG J Y, HU Z H, SUN W J, et al., 2010. Nitrous oxide emissions from Chinese crop land fertilized with a range of slow – release nitrogen compounds [J]. Agriculture, Ecosystems & Environment, 135: 216 – 225.

KIRAN J K, KHANIF Y M, AMMINUDDIN H, et al., 2010. Effects of controlled release urea on the yield and nitrogen nutrition of flooded rice [J]. Communications in Soil Science and Plant Analysis, 41: 811 – 819.

OSAMU INATSU, 1998. Progress and prospect of the research on paddy soil management under various rice growing systems soil management and fertilization method of improving eating quality [J]. Science and Plant nutrition, 69 (1): 88 – 92.

PIOTROWSKA A, WILCZEWSKI E, 2012. Effects of catch crops cultivated for green manure and mineral nitrogen fertilization on soil enzyme activities and chemical properties [J]. Geoderma, 189 – 190.

YANG C, EVERITT J H, BRADFORD J M, 2001. Comparisons of uniform and variable rate nitrogen and phosphorus fertilizer applications for grain sorghum [J]. Trans of ASAE, 44 (2): 201 – 209.

YANG Y C, ZHANG M, LI Y C, et al., 2012. Controlled release urea improved nitrogen use efficiency, activities of leaf enzymes, and rice yield [J]. Soil Science Society of America Journal, 76: 2307 – 2317.

第二章

甘蔗轻简高效栽培概述

　　甘蔗是我国重要的糖料作物,是食糖的主要来源,糖料甘蔗的绿色发展和可持续高产种植是国家食糖安全的重要保障。在国际上,甘蔗高产高糖种植技术主要在两个方面进行了研究应用,一是与甘蔗现代装备配套的生产技术,如农业机械化技术、设施灌溉技术等;二是甘蔗高产高糖高效的种植新技术,如免耕直播技术、配方施肥等。目前,美国、澳大利亚、巴西等国家广泛运用了甘蔗机械化技术,在甘蔗耕作、种植、管理和收获过程中实现了全程机械化,大大提高了劳动生产效益,降低了甘蔗生产成本。澳大利亚开展了甘蔗高产高糖可持续综合技术的研究开发,广泛应用了以蔗叶还田技术和氮、磷、钾平衡配方施肥等为主的综合技术。虽然我国甘蔗种植技术与美国、澳大利亚等发达国家还有很大差距。但2000年以来,我国在旱地甘蔗节本高效栽培研究方面取得了较大进展,获得了一大批科研成果,如旱地甘蔗高产高糖栽培技术、甘蔗良种良法配套栽培技术、甘蔗"吨糖田"生产技术、甘蔗健康种苗生产技术等高产高糖栽培技术。"十二五"以来,蔗区加快了甘蔗除草地膜、专用配方复合肥、高效低毒农药等新型轻简高新生产物资的推广,对甘蔗生产起到了一定的促进作用,提高了甘蔗单产。

　　随着世界水资源的日益紧缺,世界各国都在不断探索节水灌溉的方法。国外一些先进国家,如美国、以色列和加拿大等运用计算机控制、模糊控制和神经网络控制等方法进行智能化灌溉,精确度和智能化程度越来越高,可靠性越来越强,操作也越来越简便。滴灌技术在水资源匮乏的以色列兴起,现在在美国、墨西哥、澳大利亚、日本等国家应用十分广泛。目前,甘蔗滴灌技术已在国内外广泛应用。

甘蔗地下灌溉技术是较为生态环保、节约水资源和开发前景较好的灌溉技术。我国 1974 年首次从墨西哥引进滴灌设备；2003 年，在广西金光农场首先建立了 6.7hm² 的甘蔗滴灌示范区；2004 年，湛江农垦引进以色列地埋式滴灌技术，推广面积达到 1 100hm²，采用滴灌的蔗田单产达 120t/hm²，远远高于世界平均水平 70.5t/hm²。2011 年以来，广西把发展甘蔗节水灌溉作为广西农业的重点，推行百万亩高效节水工程。"十二五"期间，广西发展甘蔗高效节水灌溉面积 20 万 hm²。2014 年，云南省农业科学院甘蔗研究所开始开展甘蔗水肥一体化技术研究，示范展示 2.3hm²。

2003 年以来，甘蔗滴灌技术在我国旱地蔗区没有形成规模和大面积推广应用，主要原因是甘蔗滴灌设备昂贵，甘蔗经济效益低，甘蔗滴灌技术尚处于示范阶段。而相反的是，我国甘蔗节水抗旱栽培技术在主产区得到了广泛的推广应用，如甘蔗深沟板土栽培技术、槽植栽培技术、地膜覆盖栽培技术、秋植栽培技术、早冬植栽培技术等。云南地处低纬度高原蔗区，光照充足，降水量分布不均，冬、春干旱现象十分突出。因此，在我国旱地蔗区，特别是云南山地蔗区，需要结合旱地蔗区水源缺乏、水利设施建设严重滞后的实际，充分利用蔗区土壤中的水分和自然降雨，集成创新现有的甘蔗节水抗旱栽培技术和甘蔗缓（控）释肥、功能地膜等产业新材料，研究甘蔗节水抗旱轻简高效栽培技术。

近年来，随着城镇化进程加快，农村劳动力严重短缺，甘蔗产业发展将长期面临请工难、用工贵的挑战。目前，云南甘蔗全程机械化生产技术应用还处于起步阶段，甘蔗生产仍主要依靠人工，因此，结合云南当前甘蔗生产的实际，研发和推广节本增效新技术是推动云南甘蔗产业提质发展的重要措施。

第一节　甘蔗全程机械化生产技术

甘蔗全程机械化是未来甘蔗产业发展的必然趋势。目前，美国、澳大利亚、巴西等国家广泛运用了甘蔗机械化技术，甘蔗耕作、种植、管理、收获实现了全程机械化，大大提高了劳动生产效率，降低了甘蔗生产成本。虽然我国甘蔗全程机械化的农艺技术与美国、澳大利亚等发达国家相比还有很大差距，但 2009 年以来，我国在丘陵山地甘蔗全程机械化技术研究方面取得了较大进展，获得了一批科研成果，如丘陵山地甘蔗机械化种植、机械化中耕管理、小型机械化收获等技术，对甘蔗生产起到了一定的促进作用，降低了甘蔗生产劳动强度和人工成本。

甘蔗机械化的全面推广涉及因素较多，云南省山地蔗区的地形复杂、土地分散、地块大小不一等特点决定着云南省全面实现甘蔗机械化还需要一定的时间。"十五"以来，在我国甘蔗主产区广西、广东、云南等省份进行了甘蔗全程机械化的发展尝试。2007 年 6 月 4 日农业部下发了《农业部关于确定全国农业机械化示范区的通知》，首次确定了湛江农垦公司作为甘蔗全程机械化示范区的建设单位，湛江农垦公司便着手建立了 0.43 万 hm² 甘蔗生产全程机械化示范基地，从美国、巴西、德国、澳大利亚和国内相关厂家引进了世界上最先进的大型轮式拖拉机、JD4710 喷药机、7000 切断式糖蔗联合收割机、甘蔗播种机、深松犁、液压重耙、田间运输机和甘蔗预处理机等各类机械和农具 80 多台（套），为我国甘蔗全程机械化的发展进行了很好的尝试。2012 年，广西决定未来两年内在甘蔗主产区建设 4 个省（区）级万亩甘蔗全程机械化示范区和 6 个市级千亩甘蔗生产全程机械化示范区：在崇左、来宾、南宁、防城港 4 个市各建设 1 个省级万亩甘蔗全程机械化示范区，在柳州、河池、贵港、百色、钦州、北海 6 市各建设 1 个市级千亩甘蔗生产全程机械化示范区。这些示范区依托土地条件较好的坝区进行建设，已取得了较好的示范效果。

甘蔗生产全程机械化是一项系统工程，由于受土地资源、技术和装备、组织和管理因素的影响，我国甘蔗机械化在经济上尚未能充分体现出系统的收益目标，在技术上也还未达到农机农艺融合的理想产量要求，因此整体推进缓慢。甘蔗生产管理的主要环节包括耕整地、开沟、种植、中耕除草、施肥培土、病虫害防治、灌溉、收获、装载运输、宿根破垄、蔗叶粉碎还田等。纵观我国现阶段甘蔗机械化的主要环节，耕整地机械装备及技术已成熟，应用普及程度最高；种植机械近年来发展较快，拖拉机悬挂式联合种植机作为主流产品逐渐为蔗区接受并加快推广应用；中耕管理（包括宿根管理）机以手扶式机型为主，品牌繁多，但多适应 1.1～1.2m 的种植行距；甘蔗收获机械正处于国外引进与国内自主研制齐头并进的阶段，引进机型技术成熟，但因土地资源条件、体制机制的障碍，推广应用缓慢，2018 年以来，我国小型甘蔗收割机发展较快。甘蔗机械化的功能与目的可以体现在减轻劳动强度、减少人工费、提高劳动效率和实现系统收益 4 个方面，同时也反映出机械化从低级阶段向高级阶段发展的不同特征和要求。总体上看，我国甘蔗机械化在耕、种、管、收等主要环节都还未实现全面协调与有机结合，甘蔗全程机械化还处于较低层次的发展阶段。

为了改变我国甘蔗全程机械化的困境，近年来，国家糖料产业技术体系在甘蔗生产上相继研发出了 2CZD－1 型切段式甘蔗种植机，4GZQ－180 型和 4GZQ－260 型切段式甘蔗联合收获机，在广西的贵港及崇左扶绥县等蔗区进行了较大规模的田间收获作业。国家糖料产业技术体系的甘蔗机械化专家也十分重视农机农艺融合技术研究，通过对桂中南、滇西南、粤西等地不同生态区域、不同生产条件、不同模式的机械化关键技术对比分析研究，提出了湛江地区甘蔗机械化耕种农艺流程及机具配套实施方案、广西双高基地东亚模式方案和云南山地小型机械化模式方案。

目前，我国蔗区整地、播种、中耕施肥等工序都已基本实现或正在推行机械化生产，而甘蔗收获仍基本是人工作业，甘蔗收获机械化进展缓慢。2011/2012 和 2017/2018 榨季甘蔗收获机械化水平分别为 0.07％和 1.42％。《国务院关于加快推进农业机械化和农机装备产业转型升级的指导意见》中明确提出，到 2020 年棉油糖、果菜茶等大宗经济作物全程机械化生产体系基本建立，2025 年甘蔗收获机械化率达到 30％。2017/2018 榨季，我国甘蔗收割机市场拥有量为 445 台，其中国产收割机 289 台。甘蔗主产区广西榨季多雨、云南甘蔗种植区多分布在丘陵山区、广东雷州半岛强台风造成倒伏现象严重等各具特点的立地条件，使得适应当地的甘蔗生产机械化技术有所不同。同时，适用机械化技术的选取还受当地农艺条件、蔗园经营规模等因素的影响。例如，广东省湛江市农业局和恒福集团根据当地农民种植行距和田块大小，选择辰汉 4GQ-130 联合收割机作为当地农村的主推机械化技术，甘蔗机收作业自 2015/2016 榨季以来取得较大的进步。广东广垦糖业集团有限公司根据其所经营蔗园的规模和土地条件，选择凯斯 7000/8000 型甘蔗收割机作为其主打机型，甘蔗机械化收割也取得了较大的进展。

甘蔗全程机械化生产技术在我国丘陵山地蔗区没有形成规模和大面积推广应用，主要原因是丘陵山地蔗园立地条件较差，地块较小、坡度较大，难以应用全程机械化生产。2008 年以来，云南省农业科学院甘蔗研究所联合科研院校和农机企业积极开展了丘陵山地甘蔗轻简机械化的农艺技术研究，取得了相应的技术成果，并于 2018 年获得云南省科技进步二等奖 1 项。随着农村劳动力的转移和种植成本的上涨，丘陵山地甘蔗轻简机械化农艺技术的发展前景将十分广阔。因此，在我国丘陵山地蔗区，特别是云南的低纬度高原蔗区，需要结合丘陵山地蔗区的立地条件，对有条件的丘陵山地蔗区进行蔗园改造，形成适合甘蔗机械化轻简作业的地块，再按照丘陵山地蔗园轻简机械化的农艺技术要求，实施环山蔗园改造并采用"五个统一"（统一熟期品种、统一种植时间、统一蔗沟朝向、统一种植行距、统一进行收获）的农艺技术操作，实现丘陵山地甘蔗轻简机械化的标准化农艺技术。2018/2019 榨季，云南蔗区共推广甘蔗无人机飞防作业 26 590hm^2、宿根蔗低铲蔸 43 990hm^2、机耕 71 370hm^2、机开沟 69 210hm^2、机种 4 220hm^2、机管 30 730hm^2、机收 5 170hm^2。

第二节　甘蔗科学施肥技术

甘蔗是 C_4 植物，光饱和点高，光合作用能力强，吸肥多，具有高产潜力。甘蔗在整个生长发育过程中，生长周期长，需肥量较多，不但需要吸收氮、磷、钾等大量元素，同时还要吸收锌、硼、锰等多种微量元素。甘蔗所需的氮、磷、钾一般是通过常规施肥进行补给，而各种中微量元素的主要来源是土壤。甘蔗产量和品质不仅与品种、灌溉等有关，而且与甘蔗养分管理有密切关系，科学高效地管理甘蔗养分，才能保证甘蔗高产、高糖。目前，甘蔗种植区域大多分布在贫瘠的旱坡地，水分和肥料成为制约我国甘蔗高产、高糖的重要因素。甘蔗养分科学管理的作用日益突出，近年来，随着甘蔗连作年限的延长及蔗农重施化肥、轻施有机肥等不科学的肥料施用习惯，导致土壤结构遭到破坏，肥力不断衰减，偏施氮肥引起的磷、钾和中微量元素养分失调问题日益严重。因此，如何因地制宜地进行甘蔗养分的科学管理、保持和提高蔗区土壤生产能力，是实现甘蔗高产、高糖的关键问题之一。本节简要介绍甘蔗轻简高效施肥技术的研究与应用进展情况。

一、甘蔗养分需求特征

甘蔗生长的不同时期对营养的需求在种类和数量、时间和空间上存在差异。甘蔗萌芽期不需要从外界吸肥，主要依靠种苗本身贮藏的养分；幼苗期需肥迫切，但主要是对氮的需求较大；分蘖期需肥量逐渐增大；伸长期是甘蔗营养的最大效益期，随着梢头、叶、根系的大量增生和不断更新，蔗茎的迅速伸长，同化作用的产物逐渐加速形成和积累，对氮、磷、钾肥的吸收量迅速增加；而在工艺成熟期蔗茎内部糖分不断积累并达到高峰，需肥量逐渐减少，但还要吸收一定的养分，以供应植株各部分营养器官的代谢需要，其中以氮的吸收量较大。甘蔗是宿根作物，我国宿根蔗种植年限一般为2～3年，而国外一些国家和地区宿根年限一般在5年左右，最高可达10年，如澳大利亚、美国夏威夷为1～2年，古巴则为4～5年。其养分管理与其他作物有很大差别。甘蔗吸收营养的最大特点是满足蔗茎的生长和糖分的积累，有别于所有收获籽实、块茎和块根等的作物，甘蔗对氮、磷、钾三要素的吸收量多少为 $K_2O > N > P_2O_5$，一般每千克原料蔗吸 N 量为 $1.08\sim3.20g$，吸 P_2O_5 量为 $0.27\sim0.70g$，吸 K_2O 量为 $1.01\sim3.34g$。

甘蔗的需肥规律是科学施肥的重要根据。了解如何对其养分供应进行科学控制和管理，是保证甘蔗营养需要的关键，同时随着现代社会的发展，生态环境和食品安全问题日益突出，对甘蔗养分管理也提出了更高的要求。

二、大量元素肥料施用

目前，在单施氮、磷、钾及氮、磷、钾配施对甘蔗产量和品质的影响方面均有相关研究。氮、磷、钾是甘蔗生长必需的大量营养元素，需求量多而土壤往往又满足不了，通常需通过施肥才能满足甘蔗高产、高糖的要求。

氮是影响甘蔗产量和品质的主要营养元素。增施氮肥能提高甘蔗分蘖数、有效茎数等产量性状。蓝立斌等（2010）研究表明，甘蔗各产量性状均随氮肥施用量增加而增大，糖分则随着施氮量的增加而略有下降。这与周正邦（2009）对云蔗 03-194 对不同施氮水平吸收研究结果一致。但偏施、重施氮肥会引起各营养元素间比例失衡，甘蔗光合强度减弱、抗性降低、糖分下降，且对氮素的吸收利用因甘蔗品种不同存在差异。张跃彬等（2008）研究表明，在中等肥力水平的土壤条件下，云蔗 05-51 的施氮量在 $457.4kg/hm^2$ 以下时，产量随着施肥量的增加而增加，若超过该水平，甘蔗产量则不再增加，如新台糖 22（ROC22）的尿素施用量以 $600kg/hm^2$ 增产效果最好。

磷是限制作物生长的主要养分因子之一，适量地施磷能够促进甘蔗干物质的积累、分蘖、生长，过多或过少都会对其产生不利的影响。Hunsigi（1993）研究表明，缺磷会使甘蔗分蘖减少、节间变短、根系发育缓慢。长期以来我国主要以施用化学磷肥来提高土壤有效磷含量，提高作物产量，宿根蔗对磷的需求较为敏感。McCray（2010）的研究也表明，缺磷直接会影响甘蔗产量和品质。

钾是甘蔗的品质元素，充足的钾素营养有利于其糖分的积累，同时还能增强甘蔗抗性、协调氮素吸收、促进甘蔗健壮生长。有研究表明，施钾能促进甘蔗根部、茎（叶）部生长，降低根冠比，提高光合速率，有利于甘蔗生物量的积累。然而若甘蔗吸收过量的钾，亦会影响甘蔗品质。

因此，单施氮、磷、钾均不能满足甘蔗对各营养元素的需求，从而影响甘蔗产量和品质。郭家文等（2015）研究不同氮、磷、钾用量对甘蔗产量和品质的影响，结果表明，甘蔗的产量与钾肥的用量呈显著的正相关，产糖量与磷、钾的用量呈正相关，而甘蔗的含糖量与氮、磷、钾肥的用量没有直接的关系；各营养元素在植株中的积累量随着施肥量的增加而增加。韦翔华（2005）应用"311-A"最优混合设计进行田间试验得出，甘蔗产量的氮、磷、钾肥料用量最佳组合范围是 $N : P_2O_5 : K_2O = 1.00 : (0.45 \sim 0.49) : (1.10 \sim 1.20)$，产糖量的最佳组合范围为 $N : P_2O_5 : K_2O = 1.00 : 0.54 : (1.20 \sim 1.26)$。

三、中微量元素肥料施用

甘蔗的正常生长发育不但需要吸收氮、磷、钾等大量元素，同时还要吸收镁、锌、硼等多种中微量元素。长期以来，蔗农只重视大量元素肥料的投入，而忽视了微量元素对甘蔗产量和品质的影响，造成一些甘蔗产区的甘蔗增产瓶颈，甚至有逐年减产的趋势。据测算，每年每产 1t 甘蔗，将从蔗地带走 $0.45 \sim 1.35$kg 硫肥、$0.35 \sim 1.05$kg 镁肥、$0.01 \sim 0.02$kg 锌肥、$0.008 \sim 0.01$kg 硼肥。甘蔗所需的中微量元素主要来源于土壤，而在南方酸性土壤中，有效镁、硼、钼、铜、锌含量较低。黄智刚等（2006）研究表明，蔗区土壤养分已呈现空间分布和组成比例极为不平衡状态，中微量营养元素的亏缺已经成为丘陵红壤蔗区甘蔗产量和品质提高的主要制约因素之一。有研究表明，适当施用中微量元素肥料可达到增产和增收的目的。单施钙、镁、硼、钼元素对甘蔗有显著增产效应。叶燕萍等（2000）也报道，单施硼、锌或二者配施均能提高甘蔗产量，且在甘蔗生长前期单施锌或锌与硼混施处理均能提高甘蔗品质。缺乏中微量元素还会降低植物抗逆性。

四、甘蔗测土配方施肥

施肥是甘蔗高产稳产的关键措施之一，世界蔗糖生产国家十分重视测土配方施肥在甘蔗生产上的推广应用。近年来，随着单一肥料投入的增加，有机肥的用量逐渐减少，导致土壤结构遭到破坏，肥力不断衰减。蔗区蔗农的施肥习惯还没有得到根本改变，不仅增加了农业生产成本，而且甘蔗生产潜力得不到有效发挥。测土配方施肥是以土壤测试和肥料田间试验为基础，根据作物需肥规律、土壤供肥性能和肥料效应，提出的氮、磷、钾及中微量元素的施用数量、施肥时期和施用方法，它能在一定程度上克服施肥的盲目性，做到合理施肥，提高甘蔗产量和糖分，提高种蔗的经济效益。研究表明，推广测土配方施肥技术，可以使化肥利用率提高 $5\%\sim10\%$；增产率一般为 $10\%\sim15\%$，高的可达 20%以上。陆水洪等（2008）研究表明，施用测土配方肥的甘蔗产量均高于常规施肥和单施复合肥。在相同的自然条件下，测土配方施肥能明显改善甘蔗的农艺、经济性状，与常规施肥相比，甘蔗增产 $4\ 927.4kg/hm^2$，增产率为 5.65%，每公顷经济效益提高$1\ 359.35$ 元。梁昌贵等（2011）通过在砂页岩母质发育的酸性赤红壤上种植甘蔗新台糖 25（ROC25），进行测土配方施肥试验，结果表明，测土配方施肥对提高甘蔗产量、糖分含量具有明显的促进作用。王龙等（2009）通过采集蔗区 162 份土壤样品进行测定分析，明确了蔗区土壤养分状况，结合蔗区土壤基础养分分析，示范推广配方施肥，通过 2006/2007、2007/2008 连续两个榨季的推广应用，蔗区甘蔗单产和糖厂入榨甘蔗原料质量显著提高，甘蔗增产 $12.75\sim15.75t/hm^2$，糖分提高 $0.23\%\sim0.48\%$，每公顷节省化肥投入 $75\sim180$ 元。

目前，国内外在甘蔗养分吸收特性、需肥规律、测土配方等方面已有较好的研究基础。一些国家和地区已提出了当地甘蔗的主要营养元素诊断指标，在甘蔗生产中已有比较系统的营养管理技术为蔗农提供指导。甘蔗单产和糖分的提高受诸多因素影响，如甘蔗品种、土壤养分不平衡、土壤有机质含量低、降水量少、施肥不合理等，甘蔗养分管理能满足整体提高甘蔗产量和土壤肥力的需要，改善和维持土壤生产力，满足甘蔗对各营养元素的需求。通过合理的养分管理，提高甘蔗产量的同时可提高土壤肥力。

第三节　甘蔗全膜覆盖栽培技术

一、我国蔗区气候特征

广西、云南和广东是我国糖料蔗主产区，3个省份甘蔗总产量占我国甘蔗总产量的90%以上。黄中艳（2019）对我国蔗区60个观测点进行了分析，我国蔗区1月平均气温为11.3℃，3—4月平均气温为18.6℃，4—10月平均气温为24.7℃；3—4月平均降水量为108.2mm，4—10月平均降水量为172.6mm，11月至翌年2月平均降水量为42.8mm；但各甘蔗产区气候差异较大，冬春季节干旱和低温是制约我国甘蔗生产的主要气候因子，各蔗区气候对甘蔗生产的作用各有利弊。

广西大部分地区生长季较长，同期（尤其是夏季）光、温、水条件均较好，晚秋和冬季干旱明显。广东湛江蔗区生长季光、温条件最好，光、温、水同期，冬季低温不明显，但晚秋、冬季、早春干旱；粤西蔗区生长季长，光、温、水条件均优，但夏季多雨。

广西、广东夏季降雨过多，且易受风灾，冬春季节昼夜温差小，不利于甘蔗糖分积累，且广西北部蔗区冬季易受低温危害。云南蔗区绝大部地区夏季光热条件偏差，甘蔗生长受限，11月至翌年4月（旱季）少雨干旱且辐射强，平均月降水量仅为29mm、平均月日照时数为202h。郭家文等（2015）调查表明，云南30个甘蔗主产市（县）中，最低温度低于5℃的月份有主要为11月、12月、1月、2月。

二、甘蔗生长对气候的要求

（一）甘蔗出苗的环境条件

1. 甘蔗出苗对温度的要求

我国常见的主栽甘蔗品种萌发的最低温度为 13℃，20～25℃时发芽正常，最理想的温度为 30～32℃；根萌发的最低温度为 10℃，20～30℃发根最快最多；萌动芽在 0℃下受到低温冻害；休眠芽在 −3～−2℃下 4h 后致死。

2. 甘蔗出苗对土壤水分的要求

研究表明，甘蔗出苗要求土壤含水量为 20%～30%，小于 5%或大于 40%则基本不能萌发。

（二）甘蔗分蘖的环境条件

甘蔗分蘖受品种和环境因素的影响，在环境条件中，以光照、温度的影响最为重要。

1. 甘蔗分蘖对光照的要求

光照的强弱是影响分蘖的重要环境因素。光照不足、密植均影响甘蔗分蘖。

2. 甘蔗分蘖对温度的要求

研究表明，甘蔗分蘖的最低温度为 20℃，最适温度为 30℃。

3. 甘蔗分蘖对土壤水分的要求

土壤水分与分蘖的关系密切，有灌溉条件的地区甘蔗分蘖比无灌溉条件的分蘖多，但土壤水分过多也不利于分蘖，一般以田间最大持水量的 70%为最好。

三、全膜覆盖对甘蔗生长的促进作用

我国甘蔗种植时间一般在 11 月至翌年 4 月，这段时期正值干旱少雨的冬春季节，甘蔗在出苗期和分蘖期最容易受到温度和土壤水分的胁迫，由于冬春季节干旱低温，难以为甘蔗出苗和前期生长提供最适宜的土壤湿度和温度，开发新技术解决低温和干旱对甘蔗的胁迫尤为重要。通过全膜覆盖有效解决了甘蔗种植期、土壤低温和干旱的胁迫，大幅度提高了甘蔗出苗率，保证了甘蔗的高产高糖，节约了大量劳动用工，经济效益大幅提升。甘蔗全膜覆盖栽培技术由云南省农业科学院甘蔗研究所研发和推广，已经在云南、广西和广东开展了大面积的试验示范。

在云南蔗区，新植甘蔗、宿根甘蔗采用全膜覆盖均取得了较大的经济效益，特别是用除草地膜进行甘蔗全膜覆盖栽培产生的效果更为明显。段开鲜（2017）研究表明，在新植甘蔗上，利用甘蔗全膜覆盖可以减少甘蔗种苗用量 15％以上，且不需要中耕培土、揭膜、多次除草等费用，每公顷投入成本为 22 888.5 元，扣除投入成本后，每公顷纯收入达 18 061.5 元，与不盖膜新植甘蔗比较每公顷增加纯收益达到 10 411.5 元；在宿根蔗上，利用甘蔗全膜覆盖技术管理宿根甘蔗，可以不再进行中耕除草，并节约多次除草费用，每公顷投入成本 9 412.5 元，扣除投入成本后，每公顷纯收入达 31 537.5 元，与不盖膜比较每公顷增加纯收益达 7 027.5 元；总体来说，全膜覆盖技术在新植蔗和宿根蔗上都表现出显著的增产、增效效果。唐吉昌等（2015）研究结果表明，甘蔗全膜覆盖每公顷纯收入较半膜覆盖增加 12 598 元，比不盖膜增加 16 068.6 元。乔继雄等（2018）的研究结果表明，云南省澜沧拉祜族自治县推广甘蔗全膜覆盖技术，新植、宿根甘蔗的出苗率、分蘖率和有效茎数等性状较为突出，产量比半盖膜、不盖膜分别增加 28.7％、20.9％～63.8％。

在广西龙州蔗区，黄瑶珠等（2017）的研究结果表明，从甘蔗产量来看，全膜覆盖栽培＞半膜覆盖栽培＞不盖膜栽培，全膜覆盖栽培的甘蔗产量较半膜覆盖栽培增产 16.95t/hm²，较不盖膜增产 23.40t/hm²，增产效果明显。2015 年，通过对龙州第二糖厂 30hm² 除草地膜全膜覆盖处理的调查，发现全膜覆盖比不盖膜每公顷可节省劳动力投入 45 人；甘蔗增产 23.42t/hm²，增产率达 43.01％；每公顷节本增效 12 532.5 元；糖分含量增加 1.97 个百分点，经济效益极为显著。

在广东翁源蔗区，高旭华等（2016）从 2014 年开始连续 2 年用甘蔗除草地膜全膜覆盖轻简栽培技术进行田间试验，结果表明，采用甘蔗除草地膜进行全覆盖可有效提高甘蔗产量和糖分含量，2014 年和 2015 年增产幅度分别达到 28.99％和 34.66％，糖分含量分别增加 0.77％和 0.94％（绝对值）；同时，全膜覆盖对蔗田杂草有非常好的防治效果，覆膜后 2 个月对膜下杂草的株防效均在 92％以上，鲜重防效也达到 87％以上，全田覆膜的螟害发生率比不盖膜处理低 10％（绝对值）左右；综合经济效益显著。

参 考 文 献

敖俊华，黄振瑞，李奇伟，等，2009. 湛江蔗区甘蔗测土配方施肥［J］. 中国糖料（3）：36 - 38.

陈大雕，1997. 我国节水灌溉技术推广与发展状况综述［J］. 节水灌溉（4）：21 - 26.

段开鲜，2017. 云南蔗区甘蔗全膜覆盖生产技术推广探讨［J］. 现代农业科技（21）：100 - 101.

樊保宁，陈引芝，游建华，2008. 甘蔗专用肥的推广应用模式初探［J］. 中国糖料（2）：54 - 55.

樊仙，刀静梅，时利明，等，2013. 不同施氮水平对云蔗 03 - 194 产量和品质的影响［J］. 中国糖料（2）：44 - 45.

范源洪，符菊芬，2000. 澳大利亚甘蔗科技考察报告［J］. 甘蔗，2（7）：56 - 62.

高旭华，杨友军，黄瑶珠，等，2016. 甘蔗全膜覆盖栽培技术在翁源蔗区的应用研究［J］. 甘蔗糖业（5）：42 - 44.

郭家文，杨丹彤，张跃彬，等，2015. 甘蔗全程机械化生产技术［M］. 北京：中国农业出版社.

郭家文，张跃彬，崔雄维，等，2012. 氮磷钾在甘蔗体内的积累及对产量品质的影响［J］. 土壤，44（6）：977 - 981.

郭家文，张跃彬，余凌翔，等，2015. 云南蔗区气候资源的分布特征研究［J］. 西南农业学报，28（4）：1798 - 1802.

郭荣发，陈爱珠，2004. 砖红壤施用中量、微量元素对甘蔗产量与糖分的效应 [J]. 土壤，36（3）：323-326.

何天春，岑黄源，覃晓远，2006. 甘蔗高产优质不同氮肥量的施用效应 [J]. 广西蔗糖（4）：31-33.

黄瑶珠，杨友军，陈东城，等，2017. 甘蔗除草地膜全膜覆盖轻简栽培技术在广西龙州蔗区推广前景 [J]. 甘蔗糖业（1）：44-47.

黄振瑞，彭冬永，杨俊贤，等，2007. 滴灌技术在甘蔗生产上的应用前景 [J]. 中国糖料（3）：43-44，55.

黄智刚，李保国，胡克林，2006. 丘陵红壤蔗区土壤的中微量营养元素的空间变异 [J]. 中国土壤与肥料（6）：16-19.

黄中艳，2009. 中国甘蔗气候类型和特点的客观分析 [J]. 作物杂志（2）：21-25.

蓝立斌，陈超君，米超，等，2010. 不同施氮量对甘蔗生理性状、产量和品质的影响 [J]. 广西农业科学，41（12）：1269-1272.

李茂植，2004. 甘蔗叶沤制还田试验 [J]. 广西热带农业（6）：13.

李奇伟，陈子云，梁洪，2000. 现代甘蔗改良技术 [M]. 广州：华南理工大学出版社.

李杨瑞，2010. 现代甘蔗学 [M]. 北京：中国农业出版社.

梁昌贵，刘逊忠，黎彩凤，2011. 测土配方施肥对甘蔗产量与糖分的影响 [J]. 中国糖料（3）：30-32.

林姣艳，黄朱业，覃莉莎，2005. 蔗叶还田与焚烧对改良土壤效果试验 [J]. 广西蔗糖（3）：18-20.

刘宝忠，2008. 测土配方施肥的应用 [J]. 河北农业科技（15）：41.

刘庆庭，莫建霖，张华，2019. 推进我国甘蔗收获机械化发展的思考 [J]. 农村工作通讯（4）：54-55.

鲁剑巍，2006. 测土配方与作物测土配方施肥技术 [M]. 北京：金盾出版社.

鲁如坤，1998. 土壤-植物营养学原理与施肥 [M]. 北京：化学工业出版社.

陆水洪，高泽翔，2008. 测土配方施肥对赤红土甘蔗产量的影响初探 [J]. 广西农学报，23（1）：12-14.

莫增军，2009. 测土配方施肥技术在甘蔗上的应用研究 [J]. 广西农业科学，40（7）：877-880.

乔继雄，饶华英，赵惠兰，2018. 普洱市甘蔗全膜覆盖综合配套技术试验初报 [J]. 中国糖料，40（4）：11-13.

全怡吉，武晋宇，李如丹，等，2019. 云南省蔗糖产业发展现状分析 [J]. 中国糖料，41（4）：76 - 80.

宋日云，陈超君，孙少华，等，2008. 蔗叶还田方法对宿根蔗地一些土壤肥力因素的效应研究 [J]. 广西蔗糖（1）：18 - 19.

苏广达，叶振邦，吴伯全，1983. 甘蔗栽培生物学 [M]. 北京：轻工业出版社.

苏树权，陈引芝，何为中，等，2012. 越南甘蔗糖业科技考察报告 [J]. 中国糖料（3）：82 - 84.

唐吉昌，董有波，王冬蓝，等，2015. 临沧市蔗区甘蔗全膜覆盖对比试验 [J]. 甘蔗糖业（1）：11 - 14.

王龙，何家萍，刘少春，等，2009. 云南陇川农场甘蔗测土配方施肥效应 [J]. 中国糖料（4）：32 - 37.

王维赞，何红，唐其展，等，2011. 赴毛里求斯甘蔗科技考察报告 [J]. 中国糖料（3）：79 - 83.

王朝云，揭雨成，雷秀荣，1996. 红壤旱地施用钙镁锌硼对红麻纤维和种籽产量的效应 [J]. 土壤肥料（3）：44 - 45.

韦剑锋，梁启新，陈超君，等，2011. 施氮量对甘蔗氮素的吸收与利用的影响 [J]. 广大农业科学（19）：66 - 68.

韦翔华，李华兴，陆申年，2005. 应用最优混合设计研究氮磷钾不同配比对甘蔗产量和产糖量的效应 [J]. 土壤肥料（4）：6 - 10.

韦衍标，2004. 蔗叶还田配施化肥在赤红土蔗地上的效应研究 [J]. 广西农业科学（2）：127 - 129.

谢金兰，陈引芝，朱秋珍，等，2012. 氮肥施用量与施用方法对甘蔗生长的影响 [J]. 中国农学通报，28（31）：237 - 242.

叶燕萍，李杨瑞，李永健，等，2000. 硼、锌对甘蔗一些生理生化特性及产量、品质的影响 [J]. 甘蔗，7（2）：7 - 11.

张福锁，2006. 测土配方施肥技术要览 [M]. 北京：中国农业大学出版社.

张华，沈胜，罗俊，等，2009. 关于我国甘蔗机械化收获的思考 [J]. 中国农机化（4）：15 - 16，33.

张艳兰，2008. 蔗叶循环利用改良土壤理化性状 [J]. 广西热带农业（2）：28 - 29.

张跃彬，2011. 中国甘蔗产业发展技术 [M]. 北京：中国农业出版社.

张跃彬，樊仙，刀静梅，2013. 不同氮水平对甘蔗生长的影响 [J]. 中国糖料

（3）：15 - 17.

张跃彬，郭家文，刘少春，等，2008. 蔗区土壤与甘蔗科学施肥 ［M］. 昆明：云南科学技术出版社.

郑超，李奇伟，黄振瑞，等，2011. 不同品种甘蔗对钾素吸收差异性的研究 ［J］. 热带作物学报，32 （12）：2221 - 2225.

周正邦，易代勇，龚德勇，等，2009. 氮肥对高糖甘蔗品种的增效作用 ［J］. 贵州农业科学，37 （8）：65 - 66.

ABAYOMI A Y, 1987. Growth, yield and crop quality performance of sugarcane cultivar Co 957 under different rates of application of nitrogen and potassium fertilizers ［J］. Journal of Agricultural Science （Cambridge）, 109: 285 - 292.

ANDREIS H J, MCCRAY J M, 1998. Phosphorus soil test calibration for sugarcane grown on everglades histosols ［J］. Communications in Soil Science and Plant Analysis, 29 （5 - 6）: 741 - 754.

BARZEGAR A R, ASOODAR M A, ANSARI M, 2000. Effectiveness of sugarcane residue incorporation at different water contents and the proctor compaction loads in reducing soil compactibility ［J］. Soil & Tillage Research, 57 （3）: 167 - 172.

DAHIY A R, MALIK R S, 2003. Trash and green mulch effects on soil N and P vailability ［J］. Journal of Indian Society of Soil, 46: 574 - 581.

GASCHO G J, ANDERSON D L, OZAKI H Y, 1986. Cultivar dependent sugarcane response to nitrogen ［J］. Agronomy Journal, 78 （6）: 1064 - 1069.

GOPALASUNDARAM P, BHASKARAN A, RAKKIYAPPAN P, 2012. Integrated nutrient management in sugarcane ［J］. Sugar Tech., 14 （1）: 3 - 20.

GUPTA U C, 1979. Boron nutrition of crops ［J］. Aev. Agron., 31: 237 - 307.

HAJIBOLAND R, 2012. Abiotic stress responses in plants ［M］. New York: Springer.

HUNSIGI G, 1993. Production of sugarcane - theory and practice ［M］. Berlin: Springer - Verlag.

HUNSIGI G, 2011. Potassium management strategies to realize high yield and quality of sugarcane ［J］. Karnataka Journal of Agricultural Sciences, 24

（1）：45-47.

MCCRAY J M，RICE R W，LUO Y G，et al.，2010. Sugarcane response to phosphorus fertilizer on everglades histosols [J]. Agronomy Journal，102 （5）：1468-1477.

MEIER E A，THORBURNET P J，WEGENERAL M K，2006. The availability of nitrogen from sugarcane trash on contrasting soils in the wet tropics of North Queensland [J]. Nutr. Cycl. Agroecosyst，75 （1-3）：101-114.

NAGA MADHURI K V，HEMANTH KUMAR M，SARALA N V，2011. Influence of higher doses of nitrogen on yield and quality of early maturing sugarcane varieties [J]. Sugar Tech.，13 （1）：96-98.

SPAIN A V，HODGEN M J，1994. Changes in the composition of sugarcane harvest residues during decomposition as a surface mulch [J]. Biol Fertil Soils，17：225-231.

VERMA R S，2004. Sugarcane production technology in India [M]. Lucknow：International Book Distributing Co.

第三章

甘蔗轻简高效生产物资

长期以来，云南蔗区冬春干旱、甘蔗生长周期长，降雨分布不均，施肥次数多，劳动强度大，致使甘蔗生产成本高，产业竞争力不强，影响蔗糖产业提质发展。因此，研发甘蔗缓（控）释肥、功能地膜等轻简高效生产物资，形成适宜的轻简高效生产技术，对提高土壤水分利用率、肥料利用率和降低生产成本具有重要的意义。

第一节　甘蔗缓（控）释肥

我国是化肥生产大国，化肥产量和用量均居世界前列，但化肥利用率远远低于世界水平。美洲肥料利用率达到 52%，欧洲肥料利用率达到 68%，而我国肥料利用率仅为 30%，这不仅浪费了大量的财力和资源，我国每年肥料流失量达 1 100 余万 t（按利用率再提高 20% 计），仅直接损失就达 300 余亿元；而且大量的氮、磷、钾等元素残留于土壤、进入地下水和地表水或释放到空气中，带来严重的环境污染，据资料统计，我国使用肥料 40 年来，已导致我国 70% 淡水物种的灭绝。我国氮肥生产约占全国能源消耗的 5%，排放的二氧化碳（CO_2）约占全国排放总量的 8%，农业污染约占总污染源的 60%。因此，提高化肥利用率，减少因施肥而造成的污染，发展可持续高效农业已成为当务之急。

从 20 世纪 60 年代开始，美国、日本等发达国家就着手研究和改进化肥的制作技术，力求从改变化肥本身的特性来提高肥料的利用率，相继研制并推出缓（控）释肥料系列产品，使化肥的利用率得以大幅度提高。缓（控）释肥这一高新技术为解决化肥利用率低的问题提供了新的思路和途径。

一、缓（控）释肥的种类及优点

目前，缓（控）释肥已成为世界各国肥料工业可持续发展的方向。缓（控）释肥主要分为三类：一是通过化学方法改变结构而产生的缓（控）释肥，主要有难溶性有机化合物脲甲醛等，水溶性化合物异丁叉二脲等，低溶解性无机盐磷酸镁铵等；二是通过在肥料的表面包裹一层其他的材料生产的包膜肥料，使养分释放变缓，高水平的产品可以通过调控从而与作物的需肥规律大致符合；三是通过添加脲酶抑制剂、硝化抑制剂等抑制剂生产的长效缓释肥料，调控土壤中酶和微生物的活性，使得速效肥料在土壤中残留更长时间。

缓（控）释肥具有以下优点：①肥料用量减少，利用率提高。缓（控）释肥肥效比一般未包膜的长 30d 以上，淋溶挥发损失减少，肥料用量比常规施肥可以减少 10%～20%，达到节约成本的目的。②施用方便，省工安全。缓（控）释肥可以与速效肥料配合，作为基肥一次性施用，施肥用工量减少 1/3 左右，并且施用安全，防肥害。③增产增收。施用后表现为肥效稳长、后期不脱肥、抗病抗倒，增产 5%～20%。

在缓（控）释肥中适量加入肥料抑制剂和增效剂可有效地控制肥料发挥作用的速度，有减少化肥流失、富集养分、提高化肥利用率、促进作物根系发育和蛋白质的合成等功能，从而达到增加产量和改善品质的效果。因此，通过提高化肥有效使用率、研制和推广高效的缓（控）释肥料，将化肥有效使用率再提高 20%，对保障我国的食糖安全具有十分重要的战略意义。

二、甘蔗缓（控）释肥工艺技术

该技术采用肥包肥的创新思路，根据甘蔗生长的营养需求规律，以氮肥（尿素）为核心层，钾肥为中间层（第二层），磷肥为外层（第三层），不仅实现了氮、磷、钾三种主要养分肥料的结合，形成了三元复混肥，更重要的是分期实现了氮、磷、钾的分期释放。该肥料再与 $150kg/hm^2$ 的尿素混合，在甘蔗栽种区作为基肥使用后，即可实现对全生育期甘蔗养分的供给。在甘蔗的生长前期，由加入的氮肥以及处于缓（控）释肥外面的磷肥、钾肥释放，促进甘蔗根系生长和分蘖；在甘蔗生长中期，核心层氮肥（尿素）释放，促进甘蔗的生长。该肥料在甘蔗种植时一次性施入，全生育期不用施肥，解决了甘蔗施肥次数多、费工多的问题。通过甘蔗肥料试验，中浓度的缓（控）释肥可显著提高甘蔗的农业产量和产糖量，甘蔗的单产提高了 $11.3 \sim 20.3 t/hm^2$，甘蔗的产糖量提高了 $2.2 \sim 4.5 t/hm^2$；可明显改善甘蔗品质，甘蔗的田间锤度提高了 $0.9\% \sim 1.4\%$，糖分含量提高了 $0.4\% \sim 1.4\%$。

（一）生产工艺流程

甘蔗缓（控）释肥生产主要通过以下工艺流程实现（图 3-1）。

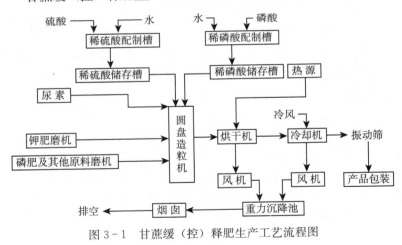

图 3-1　甘蔗缓（控）释肥生产工艺流程图

（二）生产工艺步骤

1. 溶液与材料制备

将硫酸（H_2SO_4）配制到 $25\% \sim 40\%$ 的浓度（下称稀硫酸），然后放到槽内备用；将磷酸（H_3PO_4）配制到 $20\% \sim 35\%$ 的浓度（下称稀磷酸），然后放到槽内备用；除尿素外，将磷肥、钾肥通过雷蒙机磨细至 20～100 目 *，以提高物料的吸附力。

2. 核心层制备

将尿素一次性投入圆盘造粒机内，启动造粒机，喷入 30～60kg 的稀硫酸溶液，目的是使尿素的颗粒表面生成具有黏稠特性的硫酸脲物质，以便其他原料更容易吸附在尿素颗粒的表面。

3. 钾肥层（中间层）制备

将磨好的钾肥投入圆盘造粒机内，由于上面的特性，钾肥会迅速吸附并包裹到尿素的颗粒表面，此过程可加入肥料的长效、增效剂，目的是使肥料的肥效更长，视作物的生长周期和特性而定。

4. 磷肥层（外层）制备

粉状钾肥包裹完后，加入 30～60kg 的稀磷酸，因为磷酸具有较好的黏性，同时可以提高有效五氧化二磷（P_2O_5）的含量。成型的颗粒湿润后，将磷肥和黏结剂加入造粒机内，观察造粒盘的成粒情况，如果还有未黏结的粉状原料，可适量加入稀磷酸，以便粉状原料全部黏结在颗粒上。

5. 造粒烘干

完成造粒后，将造粒机内的物料送到烘干机内，烘干机的头部温度应控制在 120～130℃，以免物料在烘干机内产生反应从而破坏颗粒的成型。烘干完成后，进入冷却系统进行冷却，迅速带走颗粒表面的热量和水分，冷却好的物料直接进入筛分工序，将不合格颗粒进行分离，合格的颗粒加入防结块剂后进入包装系统进行包装，在包装过程中要进行采样分析，分析合格后方能入库销售。

三、三种甘蔗缓（控）释肥专利配方

（一）甘蔗普适性缓（控）释肥

该配方结合甘蔗对养分的需求，在生产缓（控）释肥过程中加

---

* 目为非法定计量单位，20 目孔径相当于 0.95mm，100 目孔径相当于 0.172mm。——编者注

入适量的脲酶抑制剂、硝化抑制剂等肥料抑制剂和聚谷氨酸等肥料增效剂，调控土壤中酶和微生物的活性，增强甘蔗对营养的持续吸收和利用，使肥料在土壤中的释放时间较传统肥料延长。按照氮、磷、钾肥配施的原则，结合我国甘蔗主产区土壤的养分状况与甘蔗的需肥规律，提出了甘蔗普适性缓（控）释肥配方，该缓（控）释肥配方根据甘蔗生长的不同时期对养分的不同需求量和缓（控）释肥中肥料的缓（控）释性能，确定了配方比为 $N：P_2O_5：K_2O=15：10：5$，总养分含量为 30%。

该缓（控）释肥配方是将氮肥、钾肥、磷肥、肥料长效剂和增效剂按质量百分比混合而成，各原料按质量配比为：

含 P_2O_5 量为 49%、含 N 量为 9% 的磷酸二氢铵 $0\sim8.2\%$；

含 P_2O_5 量为 18% 的钙镁磷肥 $33.3\%\sim55.6\%$；

含 N 量为 46% 的尿素 $31.0\%\sim32.6\%$；

含 K_2O 量为 60% 的氯化钾 8.3%；

肥料抑制剂 0.8%；

肥料增效剂 0.2%；

填充料 $2.5\%\sim18.2\%$。

肥料抑制剂由脲酶抑制剂与硝化抑制剂按 $1：3$ 质量比例混合而成，在普适性甘蔗缓（控）释肥中重量百分比为 0.8%。上述的脲酶抑制剂为 N - 丁基硫代磷酰三胺（NBPT）；硝化抑制剂为双氰胺（DCD）。上述的肥料增效剂为 γ - 聚谷氨酸（γ - PGA），与肥料抑制剂按 $1：4$ 的质量比例混合后加入甘蔗缓（控）释肥中，在普适性甘蔗缓（控）释肥中重量百分比为 0.2%。上述的填充料由黏土和干滤泥按 $(3\sim7)：(7\sim3)$ 的质量比例混合而成，其中干滤泥的含水量控制在 $5\%\sim10\%$。

与现有技术相比，该配方具有如下显著优点：①可有效提高甘蔗出苗率、分蘖率和株高，试验表明可提高甘蔗出苗率 $4.0\%\sim8.1\%$、分蘖率 $5.4\%\sim9.1\%$、株高 $4.2\sim5.4cm$。②可显著提高甘蔗的农业产量和产糖量，试验表明可提高甘蔗单产 $11.3\sim20.3t/hm^2$、甘蔗产糖量 $2.2\sim4.5t/hm^2$。③可明显改善甘蔗的品质，试验表明可提高甘蔗田间锤度 0.9%～1.4%、糖分 0.4%～1.4%。

该配方较适合在我国南方热带亚热带土壤肥力中等的蔗区中应用。

（二）甘蔗专用中浓度缓（控）释肥

按照氮、磷、钾肥配施的原则，结合甘蔗主产区土壤的养分状况与甘蔗的需肥规律，科学地提出了甘蔗专用中浓度缓（控）释肥配方。该缓（控）释肥配方根据甘蔗生长的不同时期对养分的不同需求量和缓（控）释肥中肥料的缓（控）释性能，是一种甘蔗专用的中浓度缓（控）释肥，所含氮、磷、钾的比例为 $N : P_2O_5 : K_2O = 20 : 10 : 5$，总养分含量为 35%。

该缓（控）释肥由尿素、磷酸二氢铵、钙镁磷肥、氯化钾、填充料混合制成，各原料按重量配比为：

含 P_2O_5 量为 49%、含 N 量为 9% 的磷酸二氢铵 3.5%～12.5%；

含 P_2O_5 量为 18% 的钙镁磷肥 22.2%～45.0%；

含 N 量为 46% 的尿素 40.0%～43.0%；

含 K_2O 量为 60.0% 的氯化钾 8.0%～8.5%；

填充料 0～16.5%。

填充料由黏土和滤泥按 3：7 的比例混合。甘蔗专用中浓度缓（控）释肥可作为基肥在甘蔗种植时一次性施入，也可作追肥在甘蔗分蘖期一次性施入，施用后即进行中耕培土。

与现有技术相比，本发明具有如下显著优点：①可有效提高甘蔗出苗率、分蘖率和株高，试验表明可提高甘蔗出苗率 4.0%～8.1%、分蘖率 5.4%～9.1%、株高 4.2～5.4cm。②可显著提高甘蔗的农业产量和产糖量，试验表明可提高甘蔗单产 6.3～11.5t/hm²、甘蔗产糖量 1.2～2.5t/hm²。③可明显改善甘蔗品质，试验表明可提高甘蔗田间锤度 0.3%～0.8%、糖分 0.3%～0.9%。

该配方较适合在我国南方热带亚热带土壤肥力中等以及较低的蔗区中应用。

（三）甘蔗专用长效缓（控）释肥

为了提供一种满足甘蔗整个生育期所需养分的甘蔗专用长效缓（控）释肥，采用肥包肥技术制备出了甘蔗包膜型长效缓（控）释肥，具有较高的有效肥含量和较低的成本，且包膜材料对环境没有污染，能有效解决目前甘蔗产量低、糖分不高和施肥次数多的生产技术问题。该缓（控）释肥中所含氮、磷、钾的比例为 $N：P_2O_5：K_2O＝20：12：5$，总养分含量为37％。

该缓（控）释肥由尿素、磷酸二氢铵、钙镁磷肥、氯化钾和填充料为原料混合制成，各原料按质量配比为：

含 P_2O_5 量为49％、含 N 量为9％的磷酸二氢铵9.6％～19.0％；

含 P_2O_5 量为18％的钙镁磷肥14.9％～40.5％；

含 N 量为46％的尿素39.8％～41.6％；

含 K_2O 量为60％的氯化钾8.3％；

填充料0～18％。

填充料由黏土和干滤泥按（3～7）：（7～3）的质量比例混合而成，其中干滤泥的含水量控制在5％～10％。该配方要求在甘蔗种植时作为底肥一次性施入，满足甘蔗整个生育期的养分需求，减少施肥次数，提高劳动效率，降低甘蔗生产成本。

与现有技术相比，本发明具有如下显著优点：①可有效提高甘蔗出苗率、分蘖率和株高，试验表明可提高甘蔗出苗率5.6％～7.8％、分蘖率5.5％～9.7％、株高5.1～8.9cm。②可显著提高甘蔗的农业产量和产糖量，试验表明可提高甘蔗单产7.5～15.2t/hm²、甘蔗产糖量2.0～9.8t/hm²。③可明显改善甘蔗品质，试验表明可提高甘蔗田间锤度0.4％～0.6％、糖分0.2％～0.5％。

该配方较适合在我国南方热带亚热带土壤肥力中等以及较低的蔗区中应用。

第二节　甘蔗功能地膜

一、常用除草剂的除草机理

杂草危害是导致甘蔗减产的重要因素之一，特别是甘蔗生长前期杂草危害更为严重，因此非常有必要对蔗园进行化学除草。甘蔗常用的除草剂有莠去津（atrazine）、莠灭净（ametryn）、乙草胺（acetochlor）、异丙甲草胺（metolachlor）、敌草隆（diuron）、2 甲4 氯（chipton）等。各种除草剂的除草机理如下。

（一）莠去津

莠去津主要通过植物根部被吸收并向上传导，抑制杂草（如狗尾草、野生黄瓜及苍耳属植物、豚草属植物等）的光合作用，使其枯死。

（二）莠灭净

莠灭净通过植物根系和茎叶被吸收。将药液喷到植物上后会迅速被叶片吸收，可避免茎叶施药后被雨水淋湿从而药效降低。植物吸收莠灭净后，向上传导并集中于植物顶端分生组织，敏感植物光合作用中的电子传递受到抑制，导致叶片内亚硝酸盐积累，达到除草目的；而非敏感植物能降解莠灭净。

（三）乙草胺

乙草胺是选择性芽前处理除草剂，主要通过单子叶植物的胚芽鞘或双子叶植物的下胚轴被吸收，被吸收后向上传导，主要通过阻碍蛋白质合成而抑制细胞生长，使杂草幼芽、幼根生长停止，进而死亡。禾本科杂草吸收乙草胺的能力比阔叶杂草强，所以该除草剂防除禾本科杂草的效果优于阔叶杂草。乙草胺在土壤中的持效期为45d 左右，主要通过微生物降解，在土壤中的移动性小，主要保持在 0～3cm 深的土层中。

（四）异丙甲草胺

异丙甲草胺主要通过幼芽被吸收，向上传导，抑制幼芽与根的生长。主要作用机制是抑制种子发芽的蛋白质合成，其次是抑制胆碱渗入磷脂、干扰卵磷脂形成。由于禾本科杂草幼芽吸收异丙甲草胺的能力比阔叶杂草强，因而该除草剂防除禾本科杂草的效果远远优于阔叶杂草。

（五）敌草隆

敌草隆是内吸性除草剂，也有一定的触杀性能，被植物的根和叶吸收进入植物体后抑制植物的光合作用，致使叶面变黄，最终死亡。敌草隆在低剂量的情况下可通过位差及时差选择进行除草，而在高剂量情况下可作为灭生性除草剂。

（六）2甲4氯

2甲4氯属于苯氧羧酸类选择性除草剂，具有较强的内吸传导性，主要用于苗后茎叶处理，药剂穿过角质层和细胞质膜，最后传导到各部位，在不同部位对核酸和蛋白质合成产生不同影响。在植物顶端抑制核酸代谢和蛋白质的合成，使生长点停止生长，幼嫩叶片不能伸展，一直到光合作用不能正常进行；传导到植株下部的药剂使植物茎部组织的核酸和蛋白质的合成增加，促进细胞异常分裂，根尖膨大，丧失吸收养分的能力，造成茎秆扭曲、畸形，筛管堵塞，韧皮部被破坏，有机物运输受阻，从而破坏植物正常的生活能力，最终导致植物死亡。

二、甘蔗除草地膜的除草剂筛选

适宜做甘蔗除草地膜的除草剂应该具备以下特点：一是对甘蔗无害，除草效果满足甘蔗生长；二是加工性能好，满足地膜生产工艺的要求。

通过大量生产试验，莠灭净虽然水溶性好、除草效果好，但熔点（84～85℃）过低，而聚乙烯吹膜的温度一般为 165～200℃，因此在和聚乙烯混合吹膜的过程中容易堵塞连接体的筛网，难以成膜。莠去津熔点为 173～175℃，沸点为 200℃，可在聚乙烯中加入 1%～2.5%的莠去津；在实际试生产除草膜的过程中，发现莠去津容易分解，加热后容易升华，降温后容易结晶，所以添加量不宜过大。1%～2.5%的乙草胺与聚乙烯相容性较好，更易于加工。通过试生产，最终选择乙草胺、莠去津与聚乙烯混合吹制甘蔗专用除草地膜。

三、除草地膜生产工艺

（一）厂址选择

除草地膜工厂应远离人口密集区 10km 以上，并远离农作物种植区。厂房应具备独立的变压器和配电箱，厂房顶部应具备通风管道和灭火装置。工厂内应建设独立的原料和地膜堆放车间，还应建设地膜样品检测车间，用于检测地膜厚度、宽度、拉力强度、透光率等指标（图 3-2）。

图 3-2 甘蔗功能地膜生产中的试车间

（二）地膜生产机械的参数要求

生产除草地膜的吹膜机组主要由挤出机，模头、风环装置，牵引、卷取装置组成。

1. 折径 2 000mm 的地膜机参数要求

（1）挤出机。型号为 SJ-75/30；长径比为 30/1；螺杆、螺筒的材质为高级氮化钢（38CrMOALA）；调质、氮化处理深度为 0.4～0.7mm；硬度 $HV \geqslant 840$；减速箱应用硬齿面齿轮，油泵强制润滑，国标轴承，机械性能良好；冷却风机功率为 250W；主电机功率为 45kW 变频调速；螺杆转速为 120r/min；换网装置应用加大分流板换网；温控系统采用数显 PID 控制仪表，五区控温，自动风冷；加热形式为铸铝加热器。

（2）模头、风环装置。ϕ500mm × 1.8mm 模头（螺旋式流道）；ϕ1 400mm 风环材质为铸铝；5.5kW 冷却风机。

（3）牵引、卷取装置。牵引辊规格为 ϕ160mm × 2 200mm；胶辊材质为丁腈橡胶；上牵引电机为 1.5kW 变频调速；牵引架高度为 7.6m 钢架结构，斜梯走台；导辊为 ϕ80mm × 2 200mm；人字板采用镀锌管制作；下牵引采用气动夹紧；卷取、牵引钢辊镀硬铬；卷取形式为双面平面摩擦卷取机，过桥下加 1 根扩幅辊，三剖四卷；牵引方管规格为 120mm。

（4）制品规格。生产能力为 140kg/h；制品厚度为 0.004～0.008mm；制品宽度最大折径为 2 000mm。

2. 折径 1 500mm 的地膜机参数要求

（1）高效单螺杆挤出机。型号为 SJ-65/30；螺杆形式为波状；筒杆材质为 38GrMOALA；调质氮化处理深度为 0.4～0.7mm；硬度 $HV \geqslant 840$；螺杆转速为 10～120r/min；减速箱应用硬齿面齿轮，强制润滑，国标轴承，机械密封良好；换网装置应用加大分流板式换网器；主电机应用 37kW 变频调速控制；温控系采用数显 PID 控制仪表，四区控温，自动风冷；加热形式为铸铝加热器。

（2）模头、风环装置。ϕ350mm × 1.8mm 模头（螺旋流道式）；ϕ1 000mm 风环材质为铸铝；1.5kW 冷却风机。

（3）牵引、卷取装置。牵引架从地面到上牵引辊中心高 6.8m，钢架结构，斜梯走台；牵引辊规格为 ϕ160mm × 1 600mm，壁厚 10mm 以上；胶辊材料为丁腈胶辊；导辊 ϕ80mm × 1 600mm，静平衡处理，机架下增加 1 根导辊；人字板采用镀锌管制作；下牵引辊采用气动夹紧；卷取、牵引钢辊镀硬铬；卷取下膜架为卸卷架形式；上牵引配 1.5kW 电机，变频调速控制；卷取形式为双面平面摩擦卷取机，从下面引膜，过桥下增加 1 根弯辊；薄膜最大卷径为300mm，卷取控制柜安装在机架左侧；牵引架方管规格为 100mm。

（4）制品规格。制品最大折径为 1 500mm；制品厚度为 0.004～0.080mm。

（三）生产流程

1. 主要原料

聚乙烯为 LLDPE 7042、LDPE 2426；除草剂为分解温度高于175℃的复配型除草剂（粉剂为莠去津原药粉剂，乳油为乙草胺乳油）。各原料质量分数范围为聚乙烯 LLDPE 7042 95％～99％，紫外线吸收剂 0.01％～1.00％，粉剂复配除草剂 0.5％～2.0％，乳油除草剂 0.5％～1.5％。为保证除草剂和聚乙烯充分混匀，采用除草剂进行母粒造粒，可委托其他公司生产。

2. 技术路线

利用螺杆式混料机将乳油除草剂充分混合在聚乙烯 LLDPE7042、LDPE 2426 里，之后加入混合粉剂（复合降解催化剂、紫外线吸收剂、粉剂复配除草剂的混合物），让所有的原料充分混合，该混合物为除草降解地膜的原料。将充分混匀的除草降解原料利用鲁冠 SJ－65 吹膜机在加热温度低于 175℃（其中将加热一区温度调制为 155℃，二区温度为 160℃，三区温度为 170℃，机头温度为 165℃）的条件下吹制成膜，膜的厚度＞0.010mm、宽度为300～8 000mm，膜的物理性能和使用功能应符合国家标准《聚乙烯吹塑农用地面覆盖薄膜》（GB 13735—2017）。

四、甘蔗功能地膜介绍

（一）甘蔗化学除草地膜

执行标准为《聚乙烯吹塑农用地面覆盖薄膜》（GB 13735—2017）。全膜覆盖使用量为 120kg/hm²，推荐宽度为 1.5～2.8m；

杂草防控效果在 90％左右，对胜红蓟、龙葵、牛筋草、马唐等大多数双子叶杂草芽前防控效果明显。大量田间应用表明，使用除草地膜每公顷可节约劳动用工 30～60 个、节约成本 1 200～1 800 元，平均单产提高 7.5t/hm²。化学除草地膜在使用时要注意，覆盖除草地膜的田块不能与蔬菜、豆科作物等间套作；盖膜前，土壤相对含水量应不低于 70％（图 3-3、图 3-4）。

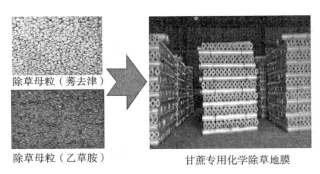

图 3-3　除草母粒及甘蔗专用化学除草地膜产品

图 3-4　甘蔗专用化学除草地膜在开远市的使用效果

（二）甘蔗物理除草地膜

常用的黑膜会导致甘蔗幼苗黄化，影响甘蔗出苗。通过向聚乙烯中加入银色母、黑色母，根据调节透光率找到平衡点，除草膜透光率为35%时既不影响甘蔗出苗，又能防控杂草，还具有驱避蚜虫的效果。优点是可以降低成本、危害和污染（图3-5）。

图3-5 甘蔗物理除草地膜在开远市的使用效果

（三）甘蔗专用降解地膜

1. 甘蔗专用光热降解地膜

太阳光到达地球的波长为290～3 000nm，其中紫外线（波长为290～400nm）占5%、可见光（波长为400～800nm）占40%、红外线（波长为800～3 000nm）占55%。聚乙烯中只含有C—C、C—H键，不吸收波长大于200nm的光。光热降解地膜在合成过程中引入了可吸收紫外线的光敏剂，光敏基团吸收光能后能够离解成具有活性的自由基，引发高分子链连锁断链反应，分子链上产生能吸收波长为280～321nm的紫外光的羰基。含有羰基的分子链在光的诱导下，进一步发生Norrish Ⅰ型和Norrish Ⅱ型反应，使得聚合物分子发生断裂，分子量降低，分子量较低的塑料碎片在空气中进一步发生氧化作用，产生自由基断链反应，降解成能被生物分解的低分子量化合物，最后被彻底氧化为二氧化碳和水。降解地膜与常规膜使用效果一致，在外观上是难以分辨的（抗拉强度、弹性、重量和透明度等和普通塑料地膜没有差异），其中拉伸负荷N（纵向、横向拉力）＝2.5，断裂伸长率（纵向、横向）＝230%，直角撕裂负荷＝1.0，产品可根据用户要求设计，宽度范围为30～400cm，厚度为0.008～0.010mm，降解时间为80～100d。使用光热降解地膜的方法总体上和普通膜一致，只是覆盖的时候应尽量增大阳光照射部分的面积，使降解更为彻底（图3-6、图3-7）。

图3-6　光热降解地膜在春植
甘蔗上覆盖70d的
降解效果（开远市）

图3-7　光热降解地膜在春植
甘蔗上覆盖94d的
降解效果（芒市）

2. 甘蔗专用生物降解地膜

生物降解地膜就是能被生物降解且不会对土壤造成污染的新型地膜。细菌、真菌和放线菌等微生物侵蚀塑料薄膜后，由于细胞的增长使聚合物组分水解、电离或质子化，发生机械性破坏，分裂成低聚物碎片。真菌或细菌分泌的酶使水溶性聚合物分解或氧化降解成水溶性碎片，生成新的小分子化合物，直至最终分解成二氧化碳和水。

生物降解地膜是一种新型地面覆盖薄膜，主要用于地面覆盖，以提高土壤温度、保持土壤水分、维持土壤结构、防止害虫侵袭作物和某些微生物引起的病害，从而促进植物生长。降解地膜中主要的降解材料包括聚乳酸（PLA）、聚对苯二甲酸己二酸丁二醇酯（PBAT）、聚碳酸亚丙酯（PPC）、聚羟基脂肪酸酯（PHA）等。

PLA是通过淀粉制备而成的，是一种完全生物基全降解高分子材料，降解至最后生成的乳酸可以完全被微生物分解，是目前最优秀的一类降解地膜材料，总消耗量约为 30 000t。因为 PLA 的刚性过大，所以制备出的薄膜韧性差、厚度大，不能很好地在农业中实际使用，需要通过添加韧性降解材料进行改进，才可以获得较好的使用效果。

PBAT 是巴斯夫股份公司研发的一类可以通过水解及微生物分解实现全降解的石油基降解高分子材料，它主要通过 3 种组分缩聚制备，实际消耗量超过万吨。由于 PBAT 的黏性较大，并且抗撕裂效果不佳，因此也不能单独用来制备地膜，需要通过黏性降低及撕裂性提升的改进，才能获得较好的应用效果。

目前，云南省农业科学院甘蔗研究所通过田间试验测试了生物降解地膜在甘蔗上的施用效果。从春植甘蔗的表现看，降解地膜有效覆盖时间为 60～75d，能满足甘蔗出苗的要求，但保温保水效果比普通地膜稍差。总体上国内外生物降解地膜推广应用是甘蔗产业高质量发展的趋势。

参 考 文 献

陈旭，朱森林，杜慕云，等，2016. 长效缓释肥的研究现状与展望 [J]. 现代化农业（11）：13 - 14.

寸植贤，杨肖艳，傅杨，等，2018. 自交系玉米地除草剂和安全剂的筛选 [J]. 植物保护，44（2）：215 - 220.

樊小林，刘芳，廖照源，等，2009. 我国控释肥料研究的现状和展望 [J]. 植物营养与肥料学报，15（2）：463 - 473.

何荣昌，2019. 浅析农田除草剂对土壤生态环境的影响 [J]. 南方农业，13（6）：187 - 188.

胡美华，徐友利，邵伟强，等，2019. 全生物降解地膜研发推广应用现状与对策措施 [J]. 浙江农业科学，60（5）：703 - 706.

降磊，韩文清，尹蓉，等，2017. 玉米田除草剂的对比试验 [J]. 山西农业科学，45（7）：1146 - 1148，1152.

刘钦普，2012. 江苏省化肥使用的时空变化及环境安全使用量探讨 [J]. 江苏农业科学，40（10）：7-9.

曲耀训，2017. 杂草抗性现状与综合治理简述评析［J］. 山东农药信息（2）：21-24.

曲耀训，2019. 水稻田主要除草剂品种与应用性能大梳理［J］. 农药市场信息（7）：29-31.

王丽华，2019. 化学除草剂的药害及预防［J］. 农业开发与装备（8）：131.

王新民，介晓磊，侯彦林，2003. 中国控释肥料的现状与发展前景［J］. 土壤通报（6）：572-575.

阎世江，张继宁，刘洁，2017. 施用农田除草剂的副作用——飘移［J］. 农药市场信息（8）：67-68.

闫湘，金继运，何萍，等，2008. 提高肥料利用率技术研究进展［J］. 中国农业科学（2）：450-459.

张艳玲，2017. 浅谈玉米田除草剂药害的降解［J］. 河北农业（8）：34-36.

张跃彬，2015. 低纬高原甘蔗高产高糖高效理论及实践［M］. 北京：中国农业出版社.

第四章
甘蔗机械化生产技术

甘蔗机械化生产技术是提高劳动生产率、降低甘蔗生产成本、提高种蔗经济效益的有效措施。发展甘蔗生产机械化已成为当前甘蔗生产的迫切要求，是甘蔗产业高质量发展的趋势和必然规律。为加快甘蔗生产机械化的发展，必须改变传统的生产方式、革新甘蔗种植农艺，树立农艺服务农机的理念。近年来，在国家和省级有关部门的支持下，云南甘蔗生产机械化发展取得了一定的成效，机械化应用面积逐年扩大。

第一节　云南蔗区甘蔗机械化应用潜力

进入 21 世纪以来，随着我国城市化、工业化进程的加快，农村年轻劳动力不断向城市转移；云南优势蔗区由于劳动力的短缺，甘蔗种植成本不断增加，其中甘蔗收砍人工价格一般为 120～160 元/t，最高可达 220 元/t。云南甘蔗产业要实现高质量发展，必须降低甘蔗种植成本、减少劳动力的投入；而发展甘蔗全程机械化是实现甘蔗产业节本增效的有效方法之一。目前，国外由于劳动力成本高，发达国家和产糖大国通过提高甘蔗机械化程度来降低甘蔗种植成本，澳大利亚、美国、巴西、日本等地的甘蔗种植已经实现全程机械化，由于成本因素，国外甘蔗播种环节仅采用少量人工。我国甘蔗机械化研究开始于 20 世纪 60 年代，目前甘蔗耕地、开沟、播种、施药、中耕培土、剥叶等环节机械化均取得了一些突破性的进展。我国绝大多数制糖企业在甘蔗收购时要求整秆式的甘蔗原料，对甘蔗含杂率要求低于 0.8%，而国外切段式收获机含杂率一般为 7%，所以目前国内外甘蔗收割机均未达到产业的要求，甘蔗收获机械化的瓶颈问题仍待突破。

机械化发展受地形影响比较突出，云南是一个多山的省份，甘蔗主要分布在海拔 600～1 500m 的滇南、滇西南地区。云南蔗区地形复杂，耕地坡度较大、坡地多、平地少等特点成为云南省发展甘蔗机械化的不利因素。为了摸清云南蔗区地形的分布特征，对云南甘蔗优势产区中不同坡度甘蔗耕地的情况进行了调查分析，为研发适合云南蔗区的甘蔗机械提供了理论依据和数据支撑。

一、云南蔗区适宜甘蔗机械化发展的潜力

2011 年，云南省农业科学院甘蔗研究所通过向云南省 8 个州（市）的甘蔗发展主管部门和甘蔗技术推广部门发放标准调查表格，对云南蔗区 8 个州（市）38 个县（市、区）的甘蔗适宜机械化作业情况进行了调查。调查内容包括各县（市、区）坡度≤2°的甘蔗耕地面积；坡度为 2°～6°的缓坡地甘蔗耕地面积、潜力面积；坡度为 6°～15°的丘陵地甘蔗耕地面积、潜力面积；坡度为 15°～25°的坡耕地甘蔗耕地面积、潜力面积；坡度＞25°的甘蔗耕地面积等。

（一）云南优势蔗区中不同坡度甘蔗耕地的总体情况

云南现有甘蔗耕地面积为全国第二。从表 4-1 看出，临沧甘蔗耕地面积为云南最大，德宏次之，普洱、保山甘蔗耕地面积排在第三、第四。云南省 0°～15°坡度甘蔗耕地面积占全省甘蔗总面积的 58.8%。在 0°～15°坡度范围内，随着坡度增加甘蔗耕地面积逐渐增加，其中坡度≤2°的甘蔗种植面积占 13.7%；坡度为 2°～6°坡度的甘蔗耕地面积占 14.9%；坡度为 6°～15°的甘蔗耕地面积占 30.2%。坡度＞15°的甘蔗耕地面积占全省甘蔗耕地面积的 41.2%。其中坡度为 15°～25°的甘蔗耕地面积占 24.6%；＞25°的甘蔗耕地面积占 16.6%。

表 4 - 1　云南优势蔗区不同坡度甘蔗耕地面积

地点	种植面积/hm²						潜力面积/hm²			
	合计	≤2°	2°~6°	6°~15°	15°~25°	>25°	合计	2°~6°	6°~15°	15°~25°
临沧	108 078	8 521	14 744	33 286	34 138	17 389	55 478	12 713	21 580	21 185
德宏	52 934	10 001	10 666	13 866	11 067	7 334	27 001	4 933	9 267	12 801
保山	33 397	5 200	7 132	13 200	5 999	1 866	14 998	4 999	7 266	2 733
普洱	38 769	3 593	5 190	9 187	7 966	12 833	75 259	24 559	25 041	25 659
西双版纳	19 160	7 093	2 666	3 534	3 667	2 200	4 067	400	1 667	2 000
玉溪	16 666	1 400	1 200	5 866	7 466	734	18 667	1 000	5 000	12 667
红河	24 132	4 033	2 854	5 953	2 606	8 686	27 907	6 986	11 634	9 287
文山	15 733	2 433	1 666	8 234	3 133	267	36 666	15 100	17 700	3 866
合计	308 869	42 274	46 118	93 126	76 042	51 309	260 043	70 690	99 155	90 198

（二）云南优势蔗区 38 个甘蔗主产县（市、区）不同坡度甘蔗耕地情况

云南优势蔗区的 38 个甘蔗主产县（市、区）中，有 10 个县（市、区）甘蔗面积超过 10 000hm²，临沧的永德、耿马面积超过 20 000hm²；有 13 个县（市、区）甘蔗种植面积为 5 000～10 000hm²；有 14 个县（市、区）甘蔗种植面积为 1 000～5 000hm²；腾冲甘蔗种植面积最小（图 4 - 1）。

1. 坡度≤2°的甘蔗耕地情况

云南的 8 个州（市）坡度≤2°的甘蔗耕地面积分布不均，其中德宏蔗区坡度≤2°的甘蔗耕地面积较大，总体情况为德宏＞临沧＞西双版纳＞保山＞红河＞普洱＞文山＞玉溪。西双版纳≤2°的甘蔗耕地占全州甘蔗面积的 37％，德宏、文山、保山、红河也高于全省平均水平（13.7％）。临沧、普洱、玉溪蔗区≤2°的甘蔗耕地面积低于全省平均水平，其中临沧市≤2°的甘蔗耕地面积仅占全市甘蔗耕地面积的 7.9％（表 4 - 1）。

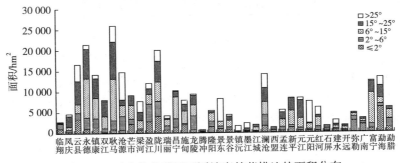

图 4-1　云南优势蔗区不同坡度甘蔗耕地的面积分布

云南优势蔗区的 38 个甘蔗主产县（市、区）中，坡度≤2°的蔗区耕地中西双版纳的勐海面积最大，为 5 960hm²；有 5 个县面积为 2 000～5 000hm²，包括德宏的芒市、陇川、盈江，临沧的云县，红河的弥勒；坡度≤2°的蔗区耕地中有 8 个县面积为 1 000～2 000hm²，包括保山的昌宁、施甸、隆阳等；坡度≤2°的甘蔗耕地中有 24 个县的面积＜1 000hm²。其中腾冲、西盟没有坡度≤2°的甘蔗耕地。

2. 坡度为 2°～6°的甘蔗耕地情况

云南坡度在 2°～6°的甘蔗耕地在各州（市）的情况为临沧＞德宏＞保山＞普洱＞红河＞西双版纳＞文山＞玉溪。临沧 2°～6°的甘蔗耕地面积最大，占临沧蔗区甘蔗种植总面积的 13.6%；德宏、保山高于全省平均水平（14.9%），其余 6 个州（市）低于全省平均水平，其中玉溪最低，仅为玉溪蔗区甘蔗面积的 7.2%。

全省优势蔗区 38 个甘蔗主产县（市、区）坡度为 2°～6°的甘蔗耕地面积均不超过 5 000hm²。有 9 个县（市、区）坡度为 2°～6°的甘蔗耕地面积为 2 000～5 000hm²，其中包括临沧的永德、镇康、耿马、沧源 4 个县，德宏的盈江、陇川 2 个县，保山的昌宁、龙陵 2 个县（区），普洱的澜沧；有 8 个县（市、区）坡度为 2°～6°的甘蔗耕地面积为 1 000～2 000hm²，包括临沧的临翔、云县 2 个县（区），德宏的芒市、瑞丽 2 个市，保山的隆阳，红河的弥

勒，文山的富宁，西双版纳的勐腊；有 21 个县（市）坡度为 2°~
6°的甘蔗耕地面积＜1 000hm²。

3. 坡度为 6°~15°的甘蔗耕地情况

根据表 4-1 的分析，云南蔗区坡度为 6°~15°的甘蔗耕地面
积最大，各州（市）情况为临沧＞德宏＞保山＞普洱＞文山＞红
河＞玉溪＞西双版纳。临沧坡度为 6°~15°的甘蔗耕地面积为全
省最大，西双版纳的面积为全省最小。文山坡度为 6°~15°的甘
蔗耕地面积占全州甘蔗面积的 52.3%，保山、玉溪、临沧均高
于全省平均水平（30.2%）。西双版纳、普洱、德宏、红河低于
全省平均水平。

通过调查数据分析（图 4-1），云南 38 个甘蔗主产县（市、
区）中，临沧的耿马坡度为 6°~15°的甘蔗耕地面积超过
10 000hm²；临沧的永德、保山的昌宁、文山的富宁坡度为 6°~15°
的甘蔗耕地面积为 5 000~10 000hm²，其中临沧的永德接近
10 000hm²；16 个县坡度为 6°~15°的甘蔗耕地面积为 2 000~
5 000hm²，包括临沧的 4 个县，德宏的 4 个县，保山的 3 个县，普
洱的澜沧，玉溪的元江、新平 2 个县，红河的红河，西双版纳的勐
腊；6 个县坡度为 6°~15°的甘蔗耕地面积为 1 000~2 000hm²，包
括普洱的景东、景谷、孟连 3 个县，德宏的瑞丽，红河的元阳，西
双版纳的勐海；12 个县坡度为 6°~15°的甘蔗耕地面积＜
1 000hm²。

4. 坡度＞15°的甘蔗耕地情况

所调查的 38 个甘蔗主产县（市、区）中，有 11 个县坡
度＞15°的甘蔗耕地面积超过 5 000hm²，其中临沧有 5 个县，临
沧的耿马面积超过 10 000hm²；有 11 个县坡度＞15°的甘蔗耕地
面积在 2 000~5 000hm²；有 5 个县坡度＞15°的甘蔗耕地面积在
1 000~2 000hm²；有 11 个县坡度＞15°的甘蔗耕地面积＜
1 000hm²（图 4-1）。

（三）云南优势蔗区 2°~15°坡度耕地的甘蔗发展潜力分析

从表 4-1 看出，在云南优势蔗区的潜力耕地中，坡度为

$2°\sim6°$的甘蔗发展潜力耕地面积占全省甘蔗发展潜力耕地面积的27%；坡度为$6°\sim15°$的耕地的甘蔗发展潜力面积最大，占全省甘蔗发展潜力面积的38%；$15°\sim25°$坡度耕地占全省甘蔗发展潜力面积的35%。云南各坡度耕地的甘蔗发展潜力面面积顺序为$6°\sim15°$坡度耕地＞$15°\sim25°$坡度耕地＞$2°\sim6°$坡度耕地。普洱的$2°\sim6°$、$6°\sim15°$、$15°\sim25°$坡度耕地的甘蔗发展潜力耕地面积都达到全省最大值。

1. 云南8个州（市）不同坡度耕地的甘蔗发展潜力分析

通过对调查数据分析（表4-1），坡度为$2°\sim6°$的甘蔗潜力耕地面积普洱为全省最大，是现有面积的4.73倍；文山的潜力面积为现有甘蔗面积的9.06倍，潜力面积居全省第二；临沧坡度为$2°\sim6°$的甘蔗耕地面积最大，但是潜力面积仅位列全省第三；保山、德宏的潜力面积为5 000hm²左右，玉溪、西双版纳的潜力面积最小，均不超过1 000hm²。坡度为$6°\sim15°$的甘蔗发展潜力面积普洱最大，普洱＞临沧＞文山＞红河＞德宏＞保山＞玉溪＞西双版纳，普洱、临沧、文山均超过15 000hm²。坡度为$15°\sim25°$的甘蔗发展潜力面积，普洱、临沧、德宏、玉溪均超过10 000hm²，普洱的潜力面积最大，西双版纳的潜力面积最小。

2. 云南38个县（市、区）不同坡度耕地的甘蔗发展潜力耕地面积分析

云南省蔗区坡度为$2°\sim6°$的缓坡地中，普洱的景东甘蔗发展潜力面积最大，为19 227hm²，文山的富宁潜力面积第二，达13 333hm²，永德、沧源均超过3 000hm²；共有15个县潜力面积为1 000～10 000hm²，包括临沧的4个县，红河的3个县，普洱、德宏、保山的各2个县，玉溪、文山各1个县；元江、西盟、勐海没有坡度为$2°\sim6°$的潜力耕地。

坡度为$6°\sim15°$的甘蔗发展潜力耕地中，文山的富宁面积最大，其次为普洱的景东，临沧的永德居第三。有24个县坡度为$6°\sim15°$的甘蔗发展潜力耕地面积为1 000～10 000hm²，包括临沧、红河、德宏的各5个县，普洱的4个县，玉溪的2个县，保山、文山、西

双版纳各 1 个县；有 12 个县潜力面积＜1 000hm²。有 16 个县坡度为
15°～25°的甘蔗发展潜力面积≥1 000hm²，面积最大的为普洱的景
东（图 4 - 2）。

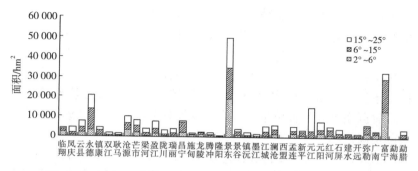

图 4 - 2　云南优势蔗区不同坡度耕地发展甘蔗种植的潜力面积

　　云南具有发展甘蔗种植潜力的面积较大，其中 2°～25°坡度发
展甘蔗的耕地面积超 26 万 hm²，其中 2°～15°坡地占 65.3%。云南
蔗区发展甘蔗机械化时应结合国家糖料蔗核心基地土地平整和坡改
梯工程的实施，加快推进土地规模化、生产机械化步伐；应重点发
展适宜 2°～15°坡度的中小型甘蔗机械。由于坡度≤2°的甘蔗耕地
种植制度较为复杂，推广甘蔗大型机械难度大，因此，云南省优势
蔗区适合发展中小型甘蔗机械。

二、云南推广应用甘蔗机械化的策略

（一）选择适宜云南蔗区不同坡度甘蔗耕地的甘蔗机械

　　云南蔗区适宜发展甘蔗全程机械化的耕地面积较大。0°～15°
坡度的甘蔗面积占甘蔗总面积的 58.8%；其中 0°～6°坡度的甘蔗
耕地面积占 28.6%，该坡度面积较大的蔗区在提高甘蔗连片种植
和规范化种植程度的基础上，可考虑发展中大型甘蔗机械；6°～
15°坡度的甘蔗耕地面积占云南蔗区甘蔗总面积的 30.2%，该坡度
甘蔗耕地应结合坡改梯工程，重点发展中小型甘蔗全程机械。

坡度为 0°～6° 的耕地属于缓坡地，适宜发展大型农业机械。通过数据分析，云南蔗区的陇川、盈江、勐海坡度为 0°～6° 的甘蔗耕地超过 5 000hm²。云县、澜沧、沧源、龙陵、永德、弥勒、镇康、芒市、昌宁、勐腊、耿马、隆阳、广南、临翔、施甸坡度为 0°～6° 的甘蔗耕地为 2 000～5 000hm²，具有发展大型甘蔗机械的潜力。但各县差异较大，如陇川、勐海、澜沧、耿马、永德、镇康甘蔗种植集中程度高，可优先考虑发展中大型甘蔗机械；弥勒、芒市、隆阳由于当地经济发展水平高，甘蔗种植面积受多种经济作物的挤压，甘蔗发展连片种植难度较大，发展甘蔗种植全程机械化应结合实际情况。

云南蔗区 5 个不同坡度级别（≤2°、2°～6°、6°～15°、15°～25°、>25°）的甘蔗耕地中，6°～15° 的甘蔗耕地面积最大，占云南蔗区总面积的 30.2%，但该坡度耕地分散、在空间分布上不均衡，总体趋势靠近云南西南部，甘蔗耕地坡度较小。云南蔗区 6°～15° 的甘蔗耕地发展甘蔗全程机械化应通过坡改梯工程，提高土地连片种植程度，考虑发展中小型甘蔗机械。

（二）合理整治蔗区坡地适宜的甘蔗机械操作

目前，中小型四轮农机作业的耕地临界坡度为 15°，坡度≥15° 不利于机械化作业，<6° 的耕地适宜四轮拖拉机作业。目前，国内外甘蔗机械作业最大坡度为 20°，一般作业坡度≤10°，4GZS-260 切段式甘蔗联合收割机、HSM1000 型轮式甘蔗联合收割机作业坡度均≤10°，4GZ-56 型履带式甘蔗联合收割机、凯斯 7000 甘蔗联合收割机适应坡度≤5°。云南蔗区坡耕地应合理进行土地平整或坡改梯整治，以适应现有甘蔗机械操作的要求。

对于云南蔗区坡度<15° 的甘蔗耕地，为更好地适应甘蔗机械化作业，可借鉴现有的土地整理方法进行平整，如重庆合川的大石镇 5° 以下的缓坡地通过坡改梯工程，田面宽度设计为 20～38m。云南蔗区<6° 的甘蔗耕地在发展甘蔗机械化时，可提高甘蔗连片种植和规范化种植程度。介于 6°～15° 的中坡地，根据国

家坡耕地整地技术规范，在南方坡改梯后推荐田面宽度为 7～
10m，云南蔗区该坡度的甘蔗耕地进行坡改梯整治，建议田面宽
度设计为 7～10m。15°～25°的丘陵陡坡地区，田面宽度最好在
10m 左右，在南方推荐田面宽度为 5～7m，云南蔗区坡度为
15°～25°的地块较大的甘蔗耕地应降低坡度到 10°以下，适宜中
小型甘蔗机械操作。

（三）建立甘蔗机械化作业试验示范基地

云南蔗区的陇川农场、黎明农场等甘蔗规模种植和经营的农垦
系统，适宜发展甘蔗大型机械，甘蔗机械化可采取"自营＋服务"
的模式；对于甘蔗耕地坡度较小的德宏英茂糖业有限公司所属的盈
江、陇川、瑞丽蔗区，应依托糖业公司成立甘蔗农机服务公司，对
蔗农实施有偿服务。通过不同类型甘蔗机械的合理配置和经营，提
高甘蔗机械的经济效益。

"十三五"期间，云南试点建立万亩级规模化甘蔗糖料生产机
械化示范基地，甘蔗生产机械化示范基地主要建设内容为：根据甘
蔗全程机械化作业的要求，进行相应的土地整理；围绕甘蔗整地、
播种、中耕施肥、收获等主要步骤，购置甘蔗生产机械，实现以万
亩为单位的全程机械化作业，为我国糖料蔗核心基地实现经营规模
化、生产机械化发挥良好的示范带动作用。

三、云南蔗区甘蔗机械化的应用

近年来，云南省农业科学院甘蔗研究所在国家甘蔗产业技术体
系、国家行业（农业）科研专项的支撑下，针对甘蔗产业中存在的
人工劳动力成本高、甘蔗机械化推广进程缓慢等问题，全力推进甘
蔗全程机械化技术。

一是兴建甘蔗机械化试验示范场。在云南省农业科学院甘蔗研
究所建立了云南首个全程机械化示范基地，面积为 66.67hm²，实
现了甘蔗生产全过程机械化技术；建立了占地 2 000m² 的云南首个
甘蔗全程机械化展示中心，展示国内外最新的甘蔗全程机械化作业

机具。

二是积极引进国内外先进的农机具,在云南试验示范。2009年以来,从广西引进 3ZP - 0.8 型甘蔗中耕培土机、从贵州引进 2CZX - 2 型甘蔗种植机、从北京引进整秆式甘蔗收割机、从广州引进 4GZ - 56 型切断式甘蔗收割机、从华南农业大学引进甘蔗剥叶机、从山东引进甘蔗装载机等相关的农机具进行试验,并成功筛选出符合云南实际情况的 3ZP - 0.8 型甘蔗中耕培土机、2CZX - 2 型甘蔗种植机、4GZ - 56 型切断式甘蔗收割机推向蔗区,目前在云南蔗区推广 3ZP - 0.8 型中耕培土机 300 余台、2CZX - 2 型甘蔗种植机 30 余台、4GZ - 56 型甘蔗收割机 4 台。

三是根据云南蔗区的自然生产条件,因地制宜推广甘蔗机械化作业。2009 年以来,云南省农业科学院甘蔗研究所按照不同坡度耕地类型通过卫星遥感对云南甘蔗主产区耕地进行了调查,掌握了云南蔗区耕地地形状况,对指导全省机械化的发展提供了科学依据;根据全省的实际,牵头制定了云南地方标准《云南省甘蔗机械化生产技术规范》(D53/T 364—2011),并于 2011 年 12 月 1 日颁布实施,该标准规定了甘蔗生产 6 个主要环节(机械耕整地、机械种植、中耕施肥培土、机械灌溉、机械植保、机械收获)的机械化作业技术要求、机具检查与调整要求、田间作业操作规程和质量要求,对指导全省甘蔗机械化技术的发展起到了重要的作用。

第二节　不同种植方式对甘蔗农艺性状和产量的影响

随着现代化农业的发展,我国甘蔗产业在取得了巨大成就的同时也面临着巨大的压力,蔗农老龄化加剧、劳动负荷不断增大、农资价格上涨过快、人工费用不断增高等多方面因素的影响,造成我国甘蔗产业劳动力紧缺、生产成本大幅上涨和生产效益降低的局面,对蔗糖产业造成极大的冲击。推广使用甘蔗机械化种植技术,对降低劳动强度、提高生产效率、促进农业增效和农民增收、加快蔗糖产业发展具有重要意义。

本研究以云南西双版纳的勐海蔗区主栽品种粤糖93-159为研究对象，调查该品种双沟种植机（富来威2CZX-1）、单沟种植机（富来威2CZX-2）和人工种植3种种植方式下，甘蔗田间农艺性状、产量和糖分的差异。

一、不同种植方式对甘蔗农艺、经济性状的影响

从表4-2可看出，不同种植方式下，甘蔗的株高以人工种植的最高（305.38cm），单沟种植机种植的最矮（213.65cm），并且人工种植的甘蔗比较整齐，双沟种植机种植的甘蔗株高的变异系数为人工种植的近2倍；甘蔗的茎径以双沟种植机种植的最粗（2.92cm），单沟种植机种植的最细（2.73cm），3种种植方式其茎径的变异系数都在11%～13%；甘蔗的锤度（表4-3）以单沟种植机种植的最高（20.43%），人工种植的最低（17.32%），单沟种植机种植的甘蔗锤度的变异系数最小（4.85%），而双沟种植机和人工种植的甘蔗锤度变异系数在7%以上；甘蔗的有效茎数以单沟种植机的最多（4 566.00条/hm²），人工种植的最少（3 918.00条/hm²），但是单沟种植机种植的有效茎数的变异系数比较大，达到13.49%，双沟种植机种植的甘蔗有效茎数的变异系数较小，为3.34%；甘蔗的单茎重和产量，均是人工种植的最高，分别为1.84kg、7 204.83t/hm²，单沟种植机种植的最低，分别为1.09kg、5 029.50t/hm²，从产量的变异系数上看，3种种植方式间差异不大，人工种植略比机种稳定。

二、不同种植方式下甘蔗性状的差异性分析

从表4-4可看出，3种种植方式间株高、单茎重、产量、锤度和蔗糖分均呈显著性差异；茎径和有效茎数是单沟种植和人工种植差异不显著，但以上两者与双沟种植差异显著。

表 4-2 不同种植方式对甘蔗农艺性状及产量的影响

统计项	株高/cm			茎径/cm			有效茎数/(条/hm²)			单茎重/kg		
	双沟	单沟	人工	双沟	单沟	人工	双沟	单沟	人工	双沟	单沟	人工
最小值	160.00	165.00	230.00	2.01	2.07	2.01	3 712.00	3 738.00	3 632.00	0.68	0.61	0.87
最大值	300.00	270.00	350.00	3.68	3.45	3.62	4 167.00	5 414.00	4 478.00	2.87	2.06	3.09
均值	241.73	213.65	305.38	2.92	2.73	2.88	3 923.00	4 566.00	3 918.00	1.46	1.09	1.84
标准差	38.97	21.40	28.52	0.36	0.31	0.36	131.15	615.74	333.18	0.50	0.30	0.54
变异系数/%	16.12	10.01	9.34	12.46	11.35	12.60	3.34	13.49	8.50	34.61	27.47	29.62

表 4-3 不同种植方式对甘蔗经济性状的影响

统计项	产量/(t/hm²)			锤度/%			蔗糖分/%		
	双沟	单沟	人工	双沟	单沟	人工	双沟	单沟	人工
最小值	2 509.03	2 593.79	3 231.64	15.00	17.20	14.00	10.05	11.52	9.38
最大值	11 001.87	11 135.33	11 675.31	21.00	22.00	20.00	14.07	14.74	13.40
均值	5 721.24	5 029.50	7 204.83	18.16	20.43	17.32	12.17	13.68	11.60
标准差	1 982.77	1 783.39	2 206.93	1.34	0.99	1.40	0.90	0.66	0.94
变异系数/%	34.66	35.46	30.63	7.36	4.85	8.09	7.36	4.85	8.10

表 4 - 4 不同种植方式甘蔗农艺、经济性状的差异性分析

处理	株高/ cm	茎径/ cm	单茎重/ kg	有效茎数/ （条/hm²）	产量/ （t/hm²）	锤度/ %	蔗糖分/ %
单沟种植	241.73b	2.92a	1.46b	3 923b	5 721.24b	18.16b	12.17b
双沟种植	213.65c	2.73b	1.09c	4 566a	5 029.50c	20.43a	13.68a
人工种植	305.38a	2.88a	1.84a	3 918b	7 204.83a	17.32c	11.60c

注：表中不同小写字母表示在 5％水平下差异显著。

三、讨论与结论

采用传统的人力和畜力作业，每人每天仅能种植 1/30hm²，而使用 2CZY 联合种植机作业，种植的工作效率可达到 5.33hm²/d，为人工种植工效的 160 倍。机械种植成本为 567 元/hm²，人工种植成本最少需要 1 350 元/hm²，机械种植成本比人工种植减少 783 元/hm²。本研究中，人工种植甘蔗的株高、单茎重和产量比单沟种植机和双沟种植机种植的高，但其有效茎数、蔗糖分比双沟种植机和单沟种植机的低。因此，机械作业与人工作业相比，可以提高劳动生产率、减轻劳动强度、降低生产成本，但是不能提高甘蔗的单产。

研究结果表明：甘蔗株高、单茎重、产量从高到低依次为人工种植、双沟种植机种植、单沟种植机种植，并且不同种植方式的株高、单茎重、产量均呈显著性差异；甘蔗锤度由高到低依次是单沟种植机种植、双沟种植机种植、人工种植；蔗糖分由高到低依次是双沟种植机种植、单沟种植机种植、人工种植，3 种种植方式的锤度和蔗糖分呈显著性差异。

第三节 不同收获方式对甘蔗农艺性状、产量和品质的影响

制糖企业的成本构成中，原料蔗成本占制糖总成本的 70％左右（国外主产蔗国家不到 50％）。甘蔗种植业的劳动力负荷年增长 14％，

广西高达 24%。劳动力数量的下降和劳动强度的剧增导致劳动力成本占甘蔗生产成本的比重不断提高,平均达 41%~42%,使得甘蔗生产成本大幅上升,蔗农效益降低。因此,降低甘蔗的生产成本对促进我国甘蔗生产的高质量发展和提高我国蔗糖业在国际上的竞争力都具有重要的作用。为增加蔗农收入、减轻蔗农的劳动强度、降低甘蔗收获成本以提高我国蔗糖业在国际市场上的竞争力,必须加快实现甘蔗收获的机械化。甘蔗收获环节是我国甘蔗产业发展的瓶颈,有必要对我国甘蔗机械化收获的适宜品种的特性进行探讨,为甘蔗新品种的选育提供一定的理论依据,进而优化我国甘蔗产业的结构。

本研究以云南西双版纳的勐海蔗区主栽品种粤糖 03-393、粤糖 93-159、ROC16、德蔗 03-83 为研究对象,调查这些品种机械收获(凯斯 A8000 甘蔗联合收获机)和人工收获对宿根甘蔗农艺性状、产量和糖分的影响。每个品种机械收获和人工收获分别调查行长 50m 甘蔗的农艺性状和锤度,并取样检测糖分含量。

一、不同收获方式对不同甘蔗品种农艺性状、产量和品质的影响

(一)粤糖 03-393

由表 4-5 可知,甘蔗品种粤糖 03-393 机械收获后,宿根甘蔗的株高、茎径、有效茎数、单茎重、产量均比人工收获后的高,分别高 36.18cm、0.17cm、2 497.50 条/hm²、0.32kg、23.38t/hm²;但是人工收获后甘蔗的锤度和蔗糖分比机械收获后的高,机械收获后该品种蔗糖分比人工收获后的低 0.37 个百分点。机械收获后该品种甘蔗株高的变异系数为 8.37%,比人工收获后的 11.12% 低,说明机械收获的甘蔗植株比较均匀。综上所述,粤糖 03-393 比较适合机械收获。

(二)粤糖 93-159

由表 4-6 可知,甘蔗品种粤糖 93-159 机械收获后,宿根甘

蔗的株高、茎径、单茎重、产量均比人工收获后的低，分别低 26.42cm、0.26cm、0.39kg、27.11t/hm²；但是机械收获后甘蔗的有效茎数、锤度和蔗糖分比人工收获后的高。该品种机械收获后其农艺性状和产量的变异系数均比人工收获后的高。综上所述，粤糖 93-159 不适合机械收获。

（三）ROC16

由表 4-7 可知，甘蔗品种 ROC16 机械收获后，宿根甘蔗的株高、有效茎数、单茎重、产量均比人工收获后的低，分别低 14.35cm、3547.00 条/hm²、0.04kg、7.99t/hm²，但是机械收获后甘蔗的茎径、锤度和蔗糖分比人工收获后的高。该品种机械收获后其株高和有效茎数的变异系数比人工收获后的高，可能是由于该品种机械收获时受到重压，导致甘蔗出苗和分蘖受到影响；而人工收获后该品种甘蔗产量的变异系数比机械化收获略高，可能是由于人工收获时有的蔗桩留茬稍高影响其出苗和分蘖。综上所述，甘蔗品种 ROC16 收获时蔗蔸应尽量避免大型机械的碾压。

（四）德蔗 03-83

由表 4-8 可知，甘蔗品种德蔗 03-83 机械收获后，除甘蔗茎径外，其余测定项目均低于人工收获，株高低 46.30cm、有效茎数少 12612.75 条、单茎重少 0.06kg、产量少 19.04t/hm²、锤度低 2.84 个百分点、蔗糖分低 1.9 个百分点。由于受到收割机的重压，宿根甘蔗出苗不齐、分蘖不好，导致甘蔗机械收获后其株高和有效茎数的变异系数是人工收获的 2 倍左右。综上所述，甘蔗品种德蔗 03-83 不适合机械收获。

二、品种间不同收获方式的差异性分析

从表 4-9 可知，4 个品种机械收获后，宿根甘蔗株高的顺序依次是粤糖 03-393＞ROC16＞德蔗 03-83＞粤糖 93-159，除粤糖 93-159 和德蔗 03-83 株高差异不显著外，其他品种间差异显

表 4-5 不同收获方式对甘蔗粤糖 03-393 农艺性状、产量和品质的影响

统计项	株高/cm		茎径/cm		有效茎数/(条/hm²)		单茎重/kg		产量/(t/hm²)		锤度/%		蔗糖分/%	
	机械	人工	机械	人工	机械	人工	机械	人工	机械	人工	机械	人工	机械	人工
最大值	295.00	265.00	3.20	3.05	74 550.00	74 910.00	1.86	1.34	130.72	98.52	21.00	22.8	14.07	15.28
最小值	195.00	165.00	1.89	1.75	53 280.00	53 640.00	0.62	0.41	37.97	21.93	15.20	15.00	10.18	10.05
均值	254.63	218.45	2.56	2.39	68 092.5	65 595.00	1.18	0.86	79.99	56.61	18.97	19.52	12.71	13.08
标准差	21.31	24.29	0.34	0.27	8 782.07	8 247.08	0.33	0.22	24.86	17.74	1.40	1.79	0.94	1.20
变异系数/%	8.37	11.12	13.28	11.30	12.90	12.57	27.97	25.58	31.08	31.34	7.38	9.17	7.40	9.17
机械比人工均值±	36.18		0.17		2 497.50		0.32		23.38		-0.55		-0.37	

表 4-6 不同收获方式对甘蔗粤糖 93-159 农艺性状、产量和品质的影响

统计项	株高/cm		茎径/cm		有效茎数/(条/hm²)		单茎重/kg		产量/(t/hm²)		锤度/%		蔗糖分/%	
	机械	人工	机械	人工	机械	人工	机械	人工	机械	人工	机械	人工	机械	人工
最大值	230.00	270.00	3.41	3.74	90 600.00	88 815.00	1.69	2.25	149.36	200.01	21.20	19.00	14.20	12.73
最小值	150.00	172.00	2.13	2.51	62 805.00	68 655.00	0.56	0.82	34.95	56.06	17.00	15.00	11.39	10.05
均值	199.63	226.05	2.82	3.08	81 153.75	77 242.50	1.08	1.47	88.02	115.13	18.93	16.71	12.68	11.20
标准差	20.98	23.13	0.30	0.29	11 108.69	7 379.88	0.26	0.33	26.32	33.35	1.16	1.05	0.78	0.71
变异系数/%	10.51	10.23	10.64	9.42	13.69	9.55	24.07	22.45	29.90	28.97	6.13	6.28	6.15	6.34
机械比人工均值±	-26.42		-0.26		3 911.25		-0.39		-27.11		2.22		1.48	

表 4 - 7　不同收获方式对甘蔗 ROC16 农艺性状、产量和品质的影响

统计项	株高/cm 机械	株高/cm 人工	茎径/cm 机械	茎径/cm 人工	有效茎数/(条/hm²) 机械	有效茎数/(条/hm²) 人工	单茎重/kg 机械	单茎重/kg 人工	产量/(t/hm²) 机械	产量/(t/hm²) 人工	锤度/% 机械	锤度/% 人工	蔗糖分/% 机械	蔗糖分/% 人工
最大值	300.00	300.00	3.15	3.38	95 520.00	79 860.00	1.87	2.38	152.35	189.88	21.20	21.20	14.20	14.20
最小值	165.00	210.00	2.14	1.65	58 965.00	74 625.00	0.68	0.44	40.36	34.02	16.60	15.60	11.12	10.45
均值	236.65	251.00	2.72	2.65	73 695.00	77 242.00	1.21	1.25	88.54	96.53	19.50	19.43	13.06	13.01
标准差	32.13	24.47	0.27	0.39	15 498.33	1 892.82	0.27	0.39	26.90	31.43	0.92	1.43	0.62	0.96
变异系数/%	13.58	9.75	9.93	14.72	21.03	2.45	22.31	31.20	30.38	32.56	4.72	7.36	4.75	7.38
机械比人工均值±	-14.35		0.07		-3 547.00		-0.04		-7.99		0.07		0.05	

表 4 - 8　不同收获方式对甘蔗德蔗 03 - 83 农艺性状、产量和品质的影响

统计项	株高/cm 机械	株高/cm 人工	茎径/cm 机械	茎径/cm 人工	有效茎数/(条/hm²) 机械	有效茎数/(条/hm²) 人工	单茎重/kg 机械	单茎重/kg 人工	产量/(t/hm²) 机械	产量/(t/hm²) 人工	锤度/% 机械	锤度/% 人工	蔗糖分/% 机械	蔗糖分/% 人工
最大值	245.00	283.00	3.60	3.05	80 595.00	92 535.00	1.96	1.67	126.61	152.13	20.20	22.20	13.53	14.87
最小值	120.00	200.00	2.20	1.72	53 730.00	76 875.00	0.59	0.51	34.06	39.29	15.00	17.00	10.05	11.39
均值	199.90	246.20	2.74	2.49	71 085.00	83 697.75	1.01	1.07	71.30	90.34	17.57	20.41	11.77	13.67
标准差	24.67	16.37	0.34	0.33	10 492.77	5 807.45	0.29	0.29	20.14	27.59	1.30	1.22	0.87	0.82
变异系数/%	12.34	6.65	12.41	13.25	14.76	6.94	28.71	27.10	28.25	30.54	7.40	5.98	7.39	6.00
机械比人工均值±	-46.30		0.25		-12 612.75		-0.06		-19.04		-2.84		-1.90	

表4-9 品种间不同收获方式甘蔗农艺性状的差异分析

统计项	株高/cm 机械	株高/cm 人工	茎径/cm 机械	茎径/cm 人工	有效茎数/(条/hm²) 机械	有效茎数/(条/hm²) 人工	单茎重/kg 机械	单茎重/kg 人工	产量/(t/hm²) 机械	产量/(t/hm²) 人工	锤度/% 机械	锤度/% 人工	蔗糖分/% 机械	蔗糖分/% 人工
粤糖03-393	254.63a	218.45b	2.56b	2.39c	68 092.50c	65 595.00c	1.18a	0.86d	79.99ab	56.61d	18.97ab	19.52b	12.71ab	13.08b
粤糖93-159	199.63c	226.05b	2.82a	3.08a	81 153.75a	77 242.50b	1.08ab	1.47a	88.02a	115.13a	18.93b	16.71c	12.68b	11.20c
德蔗03-83	199.90c	246.20a	2.74a	2.49c	71 085.00bc	83 697.75a	1.01b	1.07c	71.30b	90.34b	17.57c	20.41a	11.77c	13.67a
ROC16	236.65b	251.00a	2.72ab	2.65b	73 695.00b	77 242.50b	1.21b	1.25b	88.54	96.53b	19.50a	19.43b	13.06ab	13.01b

注：表中不同小写字母表示在5%水平下差异显著。

著；人工收获后，株高大小顺序依次是 ROC16＞德蔗 03-83＞粤糖 93-159＞粤糖 03-393，且粤糖 93-159、粤糖 03-393 与 ROC16、德蔗 03-83 差异显著，而粤糖 93-159 和粤糖 03-393 差异不显著，ROC16 和德蔗 03-83 差异不显著。

　　4 个品种机械收获后，宿根甘蔗茎径大小顺序依次是粤糖 93-159＞德蔗 03-83＞ROC16＞粤糖 03-393，只有粤糖 93-159、德蔗 03-83 与粤糖 03-393 间差异显著，其他品种间差异不显著；人工收获后，宿根甘蔗茎径大小顺序依次是粤糖 93-159＞ROC16＞德蔗 03-83＞粤糖 03-393，且德蔗 03-83 与粤糖 03-393 差异不显著，其他品种间均差异显著。

　　4 个品种机械收获后，宿根甘蔗有效茎数多少的顺序依次是粤糖 93-159＞ROC16＞德蔗 03-83＞粤糖 03-393，除德蔗 03-83 与粤糖 03-393、ROC16 差异不显著外，其他品种间均差异显著；人工收获后，宿根甘蔗有效茎数多少的顺序依次是德蔗 03-83＞粤糖 93-159＝ROC16＞粤糖 03-393，除 ROC16 与粤糖 93-159 差异不显著外，其他品种间差异显著。

　　4 个品种机械收获后，宿根甘蔗单茎重顺序依次是 ROC16＞粤糖 03-393＞粤糖 93-159＞德蔗 03-83，除 ROC16、粤糖 03-393 与德蔗 03-83 差异显著外，其他品种间差异不显著；人工收获后，宿根甘蔗单茎重顺序依次是粤糖 93-159＞ROC16＞德蔗 03-83＞粤糖 03-393，而品种间差异显著。

　　4 个品种机械收获后，宿根甘蔗产量顺序依次是 ROC16＞粤糖 93-159＞粤糖 03-393＞德蔗 03-83，除 ROC16、粤糖 93-159 与德蔗 03-83 差异显著外，其他品种间差异不显著；人工收获后，宿根甘蔗产量顺序依次是粤糖 93-159＞ROC16＞德蔗 03-83＞粤糖 03-393，除 ROC16 与德蔗 03-83 差异不显著外，其他品种间差异显著。

　　对于 4 个品种宿根甘蔗的锤度和蔗糖分，机械收获后顺序依次是 ROC16＞粤糖 03-393＞粤糖 93-159＞德蔗 03-83，德蔗 03-83 与其他品种差异显著，ROC16 与粤糖 03-393 差异不显著；人工收获后顺序依次是德蔗 03 - 83＞粤糖 03 - 393＞ROC16＞粤糖 93 - 159，粤糖 03 - 393 与 ROC16 差异不显著，其他品种间差异显著。

三、讨论与结论

甘蔗收获期时间跨度长、气候变化复杂，雨雪天气、传统节日以及其他作物春播等都对其收获产生影响，而人工收获进度慢，原料蔗砍收质量不一致，造成糖厂吊榨、断槽、停机现象时有发生，不能满负荷运转，榨季无效延长，后期产糖率明显下降，浪费严重，因此，选育适合机械化收获的甘蔗品种十分必要。有研究表明，甘蔗品种对机械化收获的影响很大，蔗区的主栽品种抗倒伏能力不强，但我国主要蔗区大多分布在热带、亚热带季风气候区，每年夏季受到大风、暴雨的影响，甘蔗倒伏率高达 30%～40%，而我国甘蔗收获机械目前很难收割倒伏严重的甘蔗；甘蔗品种脱叶性不好，影响机收后甘蔗的含杂率；甘蔗品种的芽型、气生根的多少、宿根再生能力的强弱也会影响机收的效果。本研究中，甘蔗品种粤糖 03 - 393 机收后甘蔗各项农艺性状比人工收获的好，但机械收获后甘蔗的蔗糖分含量比人工收获的低 0.37 个百分点；粤糖 93 - 159 机收后有效茎数比人工收获的多，蔗糖分含量也比人工收获的高，但产量低，且机收后调查的农艺性状指标变幅比人工收获的大；ROC16 机收后茎径比人工收获的粗，蔗糖分含量也与人工收获的基本一致，但产量低，且机收后甘蔗的株高和有效茎数的变异系数比人工的大，说明该品种不适合大型机械的重压；德蔗 03 - 83 机收后茎径比人工收获的粗，产量和糖分含量比人工收获低，且机收后该品种株高和有效茎数的变异系数是人工收获的 2 倍。因此，研究的 4 个品种中，粤糖 03 - 393 比较适合机械收获，其余 3 个品种都不适合机械收获。

研究结果表明：品种粤糖 03 - 393 机械收获后其宿根甘蔗株高、茎径、有效茎数、单茎重、产量及锤度均高于人工收获，糖分含量比人工收获的低近 0.4 个百分点；与人工收获相比，粤糖 03 - 393 机械收获的株高、单茎重和产量比其他品种增加幅度大，有效茎数和茎径的增加幅度也排在第 2。因此，在调查的 4 个品种中，粤糖03－393比较适合机械化收获。

第四节　切断式甘蔗收割机在勐海蔗区的收获实践

目前，劳动力的短缺和劳动成本高已成为云南甘蔗生产中存在的突出问题，劳动力短缺和用工成本高严重影响了蔗农种蔗的积极性和经济收益，发展甘蔗全程机械化技术已迫在眉睫。2009 年以来，云南省农业科学院甘蔗研究所联合英茂糖业（集团）有限公司从国内外引进甘蔗收割机在云南蔗区作业，先后引进广东科里亚、河南坤达、浙江恒丰、凯斯纽荷兰、约翰迪尔等农业机械公司的甘蔗收割机共计 20 余台（套）进行收获试验。云南西双版纳的勐海蔗区地势平坦、蔗地连片性好，适合大型甘蔗收割机作业，目前蔗区已引进凯斯 8000 型、凯斯 7000 型、凯斯 4000 型、约翰迪尔等主要甘蔗收割机，是云南发展甘蔗机械化收获较早和较好的收割机。机械收割机以其强大的作业效率和节本增效的优势在当地得到良好的应用，但糖厂、蔗农、机手、农机经销商对不同类型收割机的作业效率、作业效果、作业质量等方面仍存在争议，从而影响了大型甘蔗收割机的推广。本调查研究以约翰迪尔 CH330、凯斯A8000、凯斯 A4000 三种类型的切断式甘蔗收割机在勐海蔗区的收割情况为研究对象，研究其作业情况和收割质量，为我国甘蔗全程机械化技术的发展提供理论基础。

本研究以甘蔗收割机约翰迪尔 CH330、凯斯 A8000 和凯斯A4000 为对象，调查这三种机型（结构示意图见图 4－3，主要技术参数见表 4－10）收割甘蔗的切割质量（切割高度合格率、破头率）、未剥净率、含杂率、蔗茎合格率和损失率（落地损失率、蔗梢损失率、割茬损失率）等指标。

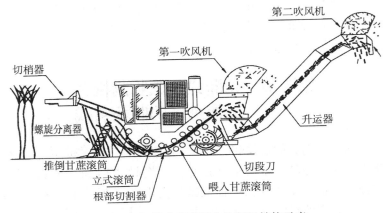

图 4 - 3 切段式甘蔗联合收割机结构示意

（引自 Austoft 公司宣传资料）

表 4 - 10 收割机主要技术参数

机械名称	型号	厂家	发动机	底刀	分禾器尖端距离/m	切梢器可调高度/m	适合行距/m
约翰迪尔	CH330	约翰迪尔（宁波）农业机械有限公司	功率为148kW	底盘中心距为61cm	1.3	1.20～3.75	1.1～1.3
凯斯	A8000	凯斯纽荷兰机械（哈尔滨）有限公司	功率为259kW	底盘中心距为63cm	1.5～1.8	0.96～4.00	1.4～1.8
凯斯	A4000	凯斯纽荷兰机械（哈尔滨）有限公司	功率为128kW	底盘中心距为49.5cm	1.1	1.05～3.00	1.1～1.3

一、收割的甘蔗品种与试验方法

（一）收割的甘蔗品种的情况

ROC16（行距为 1.15m）和 ROC22（行距为 1.25m），种植面积为 6.67hm²，蔗地平坦，收割前 10d 未出现降雨天气，甘蔗长势良好，倒伏情况不严重；桂糖 12（行距为 1.10m），种植面积为 0.67hm²，收割前出现降雨天气，甘蔗倒伏严重。甘蔗品种特性见表 4-11。

表 4-11 试验材料特性

品种	特 性
ROC16	中至中大茎种，易脱叶，早熟、高产、高糖，不易倒伏，宿根性强
ROC22	中至中大茎种，基部粗，梢头小，易脱叶，早熟、高糖，不易倒伏，宿根性强
桂糖 12	中茎种，易脱叶，中熟偏早熟、高糖

（二）试验方法

ROC16 采用凯斯 A8000 甘蔗联合收割机收割，ROC22 采用约翰迪尔 CH330 甘蔗联合收割机收割，桂糖 12 采用凯斯 A4000 甘蔗联合收割机收割。在连片种植的甘蔗地中，随机选取 5 个 50m² 的小区做调查。收割前，先调查每个小区的甘蔗株数并记录；其中一个小区进行人工剥叶并称取所有蔗叶的重量，计算每株甘蔗蔗叶的重量，其他 4 个小区进行机械收割；每个小区收割完毕后，将蔗叶倒入准备好的 10m×10m 的油布上备用。

二、不同类型收割机的收割质量差异分析

从表 4-12 可看出，不同类型的甘蔗收割机在勐海蔗区的收割质量指标有一定的差异。其中收割机收割的甘蔗的蔗叶未剥净率从大到小依次是约翰迪尔 CH330＞凯斯 A4000＞凯斯 A8000，且未剥净率呈现倍数关系，说明约翰迪尔 CH330 收割机的剥叶效果不如凯斯的两个机型，可能是由于该机械喂入辊的压力和风扇风力不如凯斯机型，或者是 ROC22 的易脱叶程度不如 ROC16 和桂糖 12；收割机收割甘蔗的含杂率在 5.2％～6.4％，三种类型的收割机的含杂率差异均不显著；三种类型的收割机收割的蔗茎合格率均在

94%以上，其差异也不显著。综上所述，三种类型的甘蔗收割机收割后的含杂率和蔗茎合格率相差不大。

表 4 - 12　不同类型收割机的质量指标差异

收割机型号	蔗叶未剥净率/%	含杂率/%	蔗茎合格率/%
凯斯 A8000	2.51±1.05a	6.34±1.41a	96.87±1.42a
约翰迪尔 CH330	8.52±1.28c	6.36±1.19a	96.53±0.55a
凯斯 A4000	4.61±1.53b	5.26±0.98a	94.87±2.73a

注：表中不同小写字母表示在 5%水平下差异显著。

三、不同类型收割机的收割损失率差异分析

从表 4 - 13 可看出，三种类型的甘蔗收割机在甘蔗收获过程中损失率均不高。三种类型的收割机的落地损失率差异不显著，说明收割机操作人员视线较好并且操作娴熟，与运载员配合到位；而蔗梢损失率和割茬损失率凯斯 A8000 与约翰迪尔 CH330 的差异不显著，而均与凯斯 A4000 呈显著性差异。并且凯斯 A4000 的蔗梢损失率是其他两种类型的收割机的 10 倍以上，割茬损失率是其他两种类型的 150 倍左右，可能是由于凯斯 A4000 的切顶器和底刀调整的范围不够合理，或是由于这两个部件不够锋利，需要更换，也可能是由于凯斯 A4000 收割的甘蔗比其他两种类型收割机收割的甘蔗倒伏严重。因此，在机械收割损失率的调查中，本次的结果是凯斯 A8000 的损失率最低，其次是约翰迪尔 CH330，最差的是凯斯 A4000。

表 4 - 13　不同类型收割机的收割损失率差异

收割机型号	落地损失率/%	蔗梢损失率/%	割茬损失率/%
凯斯 A8000	2.25±0.52a	0.05±0.06a	0.04±0.02a
约翰迪尔 CH330	4.20±2.12a	0.04±0.05a	0.03±0.03a
凯斯 A4000	3.89±1.11a	0.40±0.31b	6.08±3.23b

注：表中不同小写字母表示在 5%水平下差异显著。

四、不同类型收割机的切割质量差异分析

从表 4 - 14 可看出，不同类型的甘蔗收割机的切割质量从好到差依次是凯斯 A8000、约翰迪尔 CH330、凯斯 A4000；切割高度合格率从大到小依次是约翰迪尔 CH330、凯斯 A8000、凯斯 A4000，但稳定性是凯斯 A8000 最好、凯斯 A4000 较差；破头率从低到高依次为凯斯 A8000、约翰迪尔 CH330、凯斯 A4000，凯斯 A4000 的破头率是其他收割机的 5～13 倍，可能是由凯斯 A4000 的底刀不够锋利或者底刀高度过高导致未入土切割造成的，也有可能与品种倒伏严重有关，有待进一步研究。杨望等（2011）的研究表明，底刀入土切割有利于降低破头率，因为入土切割过程中蔗径受到土壤的支撑作用。

表 4 - 14　不同类型收割机的切割质量差异

收割机型号	切割高度合格率/%	破头率/%
凯斯 A8000	98.53±0.47b	2.77±1.56a
约翰迪尔 CH330	98.59±1.00b	5.10±5.70a
凯斯 A4000	73.33±10.36a	27.26±13.49b

注：表中不同小写字母表示在 5% 水平下差异显著。

五、讨论与结论

（一）影响收割质量的因素

影响甘蔗机械收获质量的因素主要有以下五个方面：①机械操作者间的配合度与对机械操作的熟练情况。操作不熟练会导致破头率和蔗梢损失率的加大，收割机与运载车配合不到位会增加农民的劳作量。Najafi 等（2015）研究表明，农业机械的性能取决于所使用机械的可靠性、操作的环境、维护的效率、操作的过程和操作人员的技术等。因此，甘蔗收割机收割质量的好坏，除了收割机本身性能外，还与操作环境、操作过程中人员的配合和操作人员的技术

有关。②收割机械刀片的材质与使用时间。收割机械底刀刀片比较容易损坏，如不及时更换，会导致蔗蔸的切口不平整，遇到下雨天容易感染病菌。③甘蔗品种的特性。如蔗叶难脱落的品种会导致含杂率的升高，蔗茎柔韧性不好的品种其蔗茎合格率会下降等。李儒仲等（2013）研究表明，纤维分较高的甘蔗品种蔗蔸破头率较低；脱叶性较好的品种，其蔗蔸留茬高度较小，而品种的脱叶性对蔗蔸破头率的影响和纤维分对蔗蔸留茬高度的影响没有明显规律。莫清贵（2012）研究表明，难脱叶的甘蔗品种，甘蔗蔗蔸破头率较高。孙涛等（2014）和梁圆等（2014）研究表明，各种机械收获的原料蔗含杂率均高达 7%～11%，而国内糖厂对原料甘蔗含杂率要求较严格，人工收获的一般不得超过 1%。因此，根据甘蔗品种的特性，选育适宜甘蔗机械化种植的品种有利于提高甘蔗的收割质量。④甘蔗倒伏情况。李儒仲等（2013）研究表明，倒伏甘蔗与不倒伏甘蔗比较，不倒伏甘蔗的蔗蔸留茬高度和蔗蔸破头率都显著降低。⑤收割前天气情况对收割质量也有不同程度的影响。降雨会导致甘蔗不同程度的倒伏，或使甘蔗不能按期收割等。

（二）如何提高收割质量

针对上述情况，提出以下解决方案以供参考。首先，对机械操作者进行甘蔗相关知识的培训。其次，收割机械部件——切梢器可以通过设计类似红外感应或其他系统来完成其高度的调节；底刀高度可以根据底刀是否入土来确定，王增等（2015）研究表明，甘蔗收割机底刀的入土深度（y）与切割器液压系统的压力（x）呈二项式拟合关系，即 $y=-0.002x^2+0.200x+5.771$，拟合度 $R^2=0.872$。因此，可通过观察液压系统的压力情况来确定底刀是否入土及入土的深度。最后，培育出适合机械化收获的高产、高糖新品种。

（三）三种机型的收割质量

在本次机收质量调查中，甘蔗收割机凯斯 A8000 的切割高度合格率、破头率、蔗叶未剥净率、落地损失率和蔗茎合格率分别为98.53％、2.77％、2.51％、2.25％和96.87％，均是三种机型中最好的，其性能也比较稳定。约翰迪尔 CH330 的蔗叶未剥净率、含杂率、落地损失率高于其他机型，有待进一步改善。凯斯 A4000 是三个调查机型中切割质量最差的。三种甘蔗收割机中，约翰迪尔 CH330 与凯斯 A8000 的收割质量差异不显著，但与凯斯 A4000 的收割质量差异显著。

第五节　丘陵山地甘蔗轻简机械化生产的农艺技术

目前，美国、澳大利亚、巴西等国家广泛运用了甘蔗机械化技术，在甘蔗耕作、种植、管理、收获方面实现了全程机械化，大大提高了劳动生产效率，降低了甘蔗生产成本。虽然我国甘蔗全程机械化的农艺技术与美国、澳大利亚等发达国家相比还有很大差距。但近十年来，我国在丘陵山地甘蔗全程机械化生产技术研究方面取得了较大进展，获得了一批科研成果，如丘陵山地甘蔗机械化种植、机械化中耕管理、小型机械化收获等技术，对甘蔗生产起到了一定的促进作用，降低了甘蔗生产的劳动强度和人工成本。

一、技术背景

我国的甘蔗机械化生产在经济上尚未能充分体现出系统的收益目标，在技术上也还未达到农机农艺融合的理想产量要求，因此整体推进缓慢。甘蔗生产管理的主要环节包括耕整地、开沟、种植、中耕除草、施肥培土、病虫害防治、灌溉、收获、装载运输、宿根破垄、蔗叶粉碎还田等。纵观我国现阶段甘蔗机械化生产的主要环节，耕地整地机械装备及技术已成熟，应用普及程度最高；种植机械近年来发展较快，悬挂式联合种植机作为主流产品逐渐为蔗区接受，推广应用逐渐加快；中耕管理（包括宿根管理）机以手扶式机型为主，品牌繁多，但多适应 1.1～1.2m 的种植行距；甘蔗收获机械正处于引进国外机型与国内自主研制齐头并进的阶段，引进的机型技术成熟，但因土地资源条件、体制机制的障碍，推广应用缓慢，近年来，我国小型甘蔗收割机发展速度较快。甘蔗机械化生产的功能与目的体现在减轻劳动强度、减少人工耗费、提高劳动效率和实现系统收益 4 个方面，同时也反映出机械化从低级阶段向高级阶段发展的不同特征和要求。总体上看，我国甘蔗机械化生产在耕、种、管、收等主要环节都还未实现这 4 方面的协调与有机结合，甘蔗全程机械化生产还处于较低层次的发展阶段。

为了改变我国甘蔗全程机械化生产的困境。近年来，国家糖料产业技术体系在甘蔗生产上相继研发出了 2CZD-1 型段种式甘蔗种植机、4GZQ-180 型和 4GZQ-260 型切段式甘蔗联合收获机，在广西壮族自治区的贵港市、崇左市的扶绥县等蔗区进行了较大规模的田间收获作业。国家糖料产业技术体系的甘蔗机械化专家也十分重视农机农艺融合技术的研究，通过对桂中南、滇西南、粤西等不同生态区域、不同生产条件、不同模式的机械化关键技术对比分析研究，提出了"湛江地区甘蔗机械化耕种农艺流程及机具配套实施方案""广西双高基地东亚模式方案"和"云南山地小型机械化模式方案"。

甘蔗全程机械化生产技术在我国丘陵山地蔗区没有形成规模和大面积推广应用，主要原因是丘陵山地蔗园立地条件较差，地块较小、坡地较大，难以适宜全程机械化技术。2008 年以来，云南省农业科学院甘蔗研究所积极开展了丘陵山地甘蔗轻简机械化的农艺技术研究，取得了相应的技术成果。随着农村劳动力的转移、种植成本的上涨，丘陵山地甘蔗轻简机械化农艺技术的发展前景将十分广阔。因此，在我国丘陵山地蔗区，特别是云南的低纬高原蔗区，需要结合丘陵山地蔗区的立地条件，对有条件的丘陵山地蔗区进行蔗园改造，形成适合甘蔗机械化轻简作业的地块，再按照丘陵山地蔗园轻简机械化的农艺技术要求，实施环山蔗园改造和采用"五个统一"农艺技术操作，实现丘陵山地甘蔗轻简机械化的标准化农艺技术。

二、技术内容

针对上述丘陵山地甘蔗轻简机械化生产现有的农艺技术中存在的甘蔗行距窄、种植浅和蔗地坡度大、地块小、不适宜机械化操作等问题，研究了丘陵山地甘蔗实现农艺技术改革和机械化生产管理的轻简机械化生产农艺技术。本技术结合产业转型升级和高质量发展的需求，在丘陵山地甘蔗生产的全过程中改变传统的丘陵山地生产管理模式，将改造丘陵山地蔗园和改变甘蔗农艺技术相结合，实施甘蔗生产的机械化管理，改变丘陵山地甘蔗的种植环境，减少甘蔗生产的用工，实现甘蔗规模化、集约化、机械化、标准化、轻简化的管理，提高产业的经济、社会、生态效益。

（一）技术方案

1. 环山改造蔗园

根据丘陵山地的地形地貌，对不适宜机械化作业的蔗园进行改造，将原先的坡地改成缓坡地、小坡地，把 $10°\sim13°$ 的蔗区降为 $10°$ 以下的缓坡地，适宜中型机械作业；把 $13°\sim25°$ 的大坡地蔗区降为 $13°$ 以下的小坡地，适宜小型机械作业。

在进行丘陵山地环山蔗园改造时，需在改造形成的缓坡地、小坡地蔗园地块两边同时配套相关的机耕路，便于机械化环山作业，具体的方法为：地块每隔 $200\sim300m$ 需配套相应的机耕路，机耕路面宽应为 $3\sim4m$。

环山蔗园改造需同时进行土壤培肥，具体的方法为：在丘陵山地蔗园改造后，充分利用蔗糖企业的废弃物（滤泥、蔗渣）生产有机肥，应进行有机肥还田培肥蔗园土壤，滤泥有机肥［经发酵、晾干后的滤泥，其有机质含量（以干基计）≥40%、水分含量≤30%、pH 为 $5.5\sim8.0$］还田量为 $7\ 500\sim15\ 000kg/hm^2$，蔗渣有机肥［由糖厂蔗渣、烟囱灰、畜牧粪便等构成，其有机质含量（以干基计）≥40%、水分含量≤30%、pH 为 5.5～8.0、有效活菌数≥0.2 亿个/g〕还田量为 1 800～3 000kg/hm²。

2. 统一熟期品种

在蔗园改造和培肥后，统一按照早、中、晚熟品种以 4∶4∶2 比例搭配，选择高产高糖、宿根性强、适宜机械化作业和当地生态条件的甘蔗品种（如云蔗 05－51、柳城 03－182、柳城 05－136 等），在同一片蔗区（蔗园改造后的种植面积在 20hm² 以上，改造后的缓坡地、小坡地的地块长度应在 200m 以上，地块宽度应在 6m 以上）应选择同一成熟期的甘蔗品种进行统一机械化种植。

3. 统一种植时间

在确定好甘蔗品种后，在同一片蔗区应在同一时期进行机械化种植，种植时间应选择 10 月至翌年 3 月。

4. 统一蔗沟朝向

在机械化种植时，应按照统一的方向进行机械化开沟，有条件的地方应选择东西朝向。

5. 统一种植行距

在机械化开沟时，应根据甘蔗收割机的适宜收割行距统一种植行距，种植行距应在 1.25m 左右，开沟深度为 30～40cm，种植深度在 10～15cm。

同时选择 900～1 200kg/hm² 的复合肥（中浓度的配方复合肥，其氮、磷、钾配方比例为 26∶12∶6，有效养分含量为 44%），加 300kg/hm² 的尿素（普通尿素，其有效氮含量为 46%）作基肥，一次性施足肥料。

6. 统一进行收获

在甘蔗进入成熟期后，应按照甘蔗早、中、晚熟的先后顺序进行机械化收获（甘蔗收割机应配套相应的田间转运、运输车辆，且甘蔗收割机的宽度应低于 2.2m），早熟品种应在 11 月至翌年 1 月进行收获，中熟品种应在翌年 1—2 月进行收获，晚熟品种应在翌年 3 月进行收获。甘蔗收获时，需入土深收，入土深度为 5～8cm。

（二）有益效果

1. 改善蔗园生产条件，实现机械化生产

本技术将原先不适合全程机械化作业特别是机械化收获的丘陵山地蔗园进行改造，因地制宜地发展全程机械化，能有效地降低丘陵山地的坡度，使改造后的蔗园具备实施甘蔗全程机械化的条件，对开展甘蔗规模化、集约化、标准化生产有重要的促进作用。与现有的坝区全程机械化技术和山地半机械化技术相比，本技术可突破丘陵山地无法实现全程机械化的难点，推动丘陵山地全程机械化生产技术的发展；同时，本技术结合丘陵山地的不同坡度，因地制宜地实现蔗园改造，可有效地保护蔗区原生态环境，促进甘蔗生产与蔗区环境和谐发展。

2. 培肥丘陵山地土壤，减少化肥用量

本技术综合利用制糖企业生产的有机肥，开展改造后蔗园的培肥，提升蔗园土壤肥力，促进蔗糖企业废弃物循环利用并减少化肥施用量。与不改造的蔗园相比，本技术可减少化肥用量25％以上、提高肥料利用率12％以上，达到化肥减量增效的目的；同时，本技术施用的有机肥的原料主要来自制糖企业的滤泥、蔗渣、烟囱灰等副产物，促进了产业链的延伸，实现了变废为宝和绿色发展，生态又环保。

3. 统一甘蔗农艺技术，实现规模化生产

本技术注重丘陵山地甘蔗生产的规模化、集约化、标准化、机械化，结合环山蔗园改造和统一熟期品种、统一种植时间、统一蔗沟朝向、统一种植行距、统一进行收获，实行甘蔗农艺标准化，为丘陵山地甘蔗轻简机械化发展创造了有利条件。同一片蔗区采用统一熟期品种按照同一时期进行种植，有利于甘蔗在同一时期进入成熟期，便于采用机械化统一收获，提高生产效率。同一片蔗区采用统一蔗沟朝向和深种，有利于机械化开沟种植和减少中耕培土工序，实现甘蔗生产规模化、轻简化管理。同一片蔗区按照统一的行距进行机械化种植并在同一时期进行收获，有利

于提高机械化的使用效率；入土深收有利于促进宿根甘蔗低位芽的萌发，也利于促进宿根甘蔗早生快发和延长宿根年限。

4. 实现甘蔗机械化生产，有利于降低生产成本

丘陵山地蔗区采用甘蔗轻简机械化的农艺技术，极大地提高了甘蔗生产效益，降低了甘蔗生产劳动强度，节约了人工，降低了甘蔗人工成本，实现了甘蔗生产节本增效。在机械化种植、收获等关键环节，与传统人工种植、人工砍收相比，采用机械化种植可节约种植成本 1 200～1 800 元/hm²，采用机械化收获可节约收获成本600～1 200 元/hm²，同时还提高了作业效率、增加了宿根甘蔗产量。

第六节　甘蔗全程机械化在云南英茂糖业（集团）有限公司的实践

云南英茂糖业（集团）有限公司是云南规模最大、效益最好的国有控股制糖集团，旗下拥有多家专业蔗糖生产子公司及专业复合肥子公司，其砂糖、酒精、复合肥等产品销售遍布全国各个省份，甘蔗种植业发展遍及云南 15 个县（市）以及老挝、缅甸等毗邻国，种植面积 6 万余 hm²，惠及蔗农 38 万人，是我国重要的制糖产业集团。为降低甘蔗生产成本、提升产业竞争力、促进农民增收，云南英茂糖业（集团）有限公司一直以来致力于加快甘蔗全程机械化综合技术推广的步伐和提高甘蔗科技服务水平，从而实现蔗糖产业的持续、健康、稳定发展。云南英茂糖业（集团）有限公司作为技术集成创新示范基地，在甘蔗机种、机管、机收等全程机械化农机农艺配套技术及田间试验示范推广等方面进行了大量工作，并参与了甘蔗全程机械化技术研究与应用的多个重大项目，取得了一定成效，对云南甘蔗机械化推广起到了积极有效的推动作用。

一、应用现状

（一）耕整地机械

云南英茂糖业（集团）有限公司蔗区共有耕整地机械 2 655 台/套，主要机型有福田 704、福田 804、福田 824，纽荷兰 704、纽荷兰 804、纽荷兰 904，东方红 754、东方红 804、东方红 1304 和约翰迪尔等大中型拖拉机配套的犁、耙、开沟犁等机具。蔗区在适宜机械耕作的地块已基本实现机犁、机耙、机开沟作业。2015—2017 年，共实施甘蔗种植机耕面积 38 300hm²，其中，2015 年 10 000hm²，2016 年 14 000hm²，2017 年 14 300hm²。

（二）甘蔗种植机

云南英茂糖业（集团）有限公司蔗区共引进甘蔗种植机 25 台，主要包括贵州金山碧水生态农业有限公司生产的生产力牌 2CZX - 2 型甘蔗种植机和江苏富来威农业装备有限公司生产的富来威 2CZX - 2 型甘蔗种植机。以上机具配套大中型拖拉机牵引作业，一次性可完成开沟、砍种、播种、施肥、覆土、盖膜和镇压等工序，开沟行距在 90～130cm 之间调节；种植沟深度可在 35cm 以内调节；施肥量、用种量可根据实际需要调控。每台种植机播种效率均能达到 0.25hm²/h 左右，是人工种植效率的 30 倍，结合机械耕整地，种植成本和种植效果更显著，以上机型由国内专业农机生产厂家生产，用户的选择余地和运用种植面积仍有较大空间。2015—2017 年，云南英茂糖业（集团）有限公司共实施甘蔗机械化种植面积 2 113hm²，其中，2015 年 430hm²，2016 年 630hm²，2017 年 1 053hm²。

（三）甘蔗培土机

云南英茂糖业（集团）有限公司蔗区拥有的甘蔗培土机超过 2 500 台/套，主要是手扶式培土机。2015—2017 年，共实施甘蔗机械化培土作业面积4 380hm²，其中，2015年1 410hm²，2016年1 410hm²，2017年1 560hm²。

（四）甘蔗铲苑机

云南英茂糖业（集团）有限公司蔗区共有手扶拖式小型铲苑机1 303台/套，中型牵引式铲苑机19台/套。2015—2017年，共实施甘蔗机械化铲苑面积12 800hm²，其中，小型铲苑机作业面积为11 000hm²，牵引式铲苑机作业面积为1 800hm²。

（五）甘蔗收获机械

为推进甘蔗生产机械化进程，解决甘蔗生产劳动力资源日趋紧张、用工价格日益增高的问题，有效降低甘蔗生产成本，增加蔗农植蔗收益，促进甘蔗生产发展及农业生产经营方式的转变，云南英茂糖业（集团）有限公司自2011年始，自行购置了两台凯斯A8000型甘蔗收割机、多台甘蔗种植机，在公司蔗区范围内开展了甘蔗生产全程机械化研究及探索，并引进约翰迪尔、日本松原、科利亚、洛阳辰汉、中联重科等公司生产的各种机型的机械到蔗区进行试验示范。目前，在蔗区进行机械收获作业试验示范的大中型甘蔗收购机共有10台，其中固定作业时长的有6台（1台凯斯A8000、2台凯斯A4000、3台约翰迪尔CH330），演示示范的有3台（1台约翰迪尔CH530、1台中联重科的AS60、1台中国农业机械化科学研究院的4GZL‐260）。

2015—2017年，云南英茂糖业（集团）有限公司共实施甘蔗机械化收割面积746hm²，其中，2015年193hm²，2016年153hm²，2017年400hm²；共收获甘蔗54 700t，其中，2015年14 700t，2016年11 700t，2017年28 300t。

（六）旱坡地机械开沟作业

挖掘机开沟作业有利于解决旱地种植甘蔗劳动用工矛盾、减轻劳动强度和推广高槽型高产栽培种植技术。云南英茂糖业（集团）

有限公司积极推行挖掘机开沟作业，2015—2017 年累计推广挖掘机开沟作业面积 1 867hm²，其中，2015 年 333hm²，2016 年 347hm²，2017 年 1 187hm²。关于挖掘机开沟作业成本，德宏蔗区为 4 500～6 000 元/hm²，西双版纳蔗区为 5 250 元/hm²，元阳蔗区为 6 750 元/hm²，文山蔗区为 3 600～4 050 元/hm²。

云南英茂糖业（集团）有限公司共有手扶式开沟机 284 台。2015—2017 年，累计实施旱坡地开沟作业面积 680.7hm²，其中，2015 年 6.7hm²，2016 年 127hm²，2017 年 547hm²。

（七）粉垄机耕整地引进试验示范

2016 年 1 月，云南英茂糖业（集团）有限公司引进广西五丰机械有限公司研制的 DFL－I180 型自走式粉垄深耕深松机 1 台，并在公司蔗区进行了试验示范，作业面积为 8.47hm²。从试验情况看，该机具在胶性较重的地块作业时，深耕深度可达到要求，在沙性地块作业时，深耕和粉碎效果都较好。与现行常规使用的大中型拖拉机牵引配套犁、耙作业的效果相比，该机具的耕作深度和粉碎效果都优于常规机械。之后需分析总结该机具深耕作业对甘蔗单产的影响，继续关注该机具改进后的作业效果。

（八）甘蔗全程机械化试验示范基地

为推动大中型机械化收获的应用推广，云南英茂糖业（集团）有限公司与西双版纳的勐海景真糖厂、勐海农机推广站和德宏的陇川农业农村局等多家单位、企业合作，通过购机补贴、蔗农补贴以及技术指导等方式组织开展了"甘蔗全程机械化试验示范基地"项目，实施甘蔗全程机械化作业面积 138hm²。其间，云南英茂糖业（集团）有限公司对甘蔗全程机械化示范基地地块大小、机耕路及周边沟渠进行了一系列改造，对基地甘蔗全部采用机耕、机种、机培土等机械化手段，取得了良好的试验示范效果，对云南甘蔗全程机械化推广应用起到了重要的推动作用。

近年来，我国无人机技术发展迅速，在农业领域的植物保护工作中，"飞防"技术的应用时间虽较短，但其涉及的作物范围已经越来越广泛，当前，已有专门从事提供"飞防"服务的公司。"飞防"技术在云南英茂糖业（集团）有限公司的德宏蔗区、西双版纳勐海蔗区的甘蔗植物保护上也都开展了零星的试验示范。截至2017年7月初，西双版纳勐海蔗区采用"飞防"技术防治病虫害的面积已达466hm²（景真蔗区333hm²，勐阿蔗区133hm²）。2017年，勐海蔗区黏虫发生危害的面积较大，采用"飞防"技术对防治黏虫起到了积极的作用，其防治成本为4 480～5 620元/hm²，防治效果较好，农户都乐于接受。德宏、元阳蔗区目前也都在组织"飞防"试验示范，文山蔗区也正在计划引入示范。

二、经济效益分析

机械化作业具有效率高、成本低等特点，甘蔗机械化农机农艺技术主要体现在节本增效上。

（一）机械化耕整地

推广机械化耕整地作业能有效降低甘蔗生产劳动强度和生产成本，人工整地成本需3 750元/hm²左右，而机械化耕作仅需1 500元/hm²左右，可节约2 250元/hm²左右。2015—2017年，云南英茂糖业（集团）有限公司累计实施机械化耕整地作业38 300hm²，为蔗农节约甘蔗耕整地成本投入860万元以上。

（二）机械开沟

旱坡地种植甘蔗时人工开沟作业需要成本7 460元/hm²左右，而挖掘机开沟成本一般在4 480元/hm²左右，可节约成本2 980元/hm²左右。2015—2017年，云南英茂糖业（集团）有限公司实施旱坡地挖掘机开挖植蔗沟作业1 867hm²，为蔗农节约开沟投入556万元以上；且甘蔗宿根延长1年以上，增收甘蔗140 000t，若按450元/t计算，则蔗农收入直接增加6 300万元以上。另外，手扶式机具开沟仅需3 000元/hm²左右，可节约成本约4 500元/hm²。

2015—2017 年，该公司共完成手扶式机具开挖植蔗沟 680hm²，为蔗农节约宿根蔗铲蔸投入 300 万元以上。

（三）机械种植

云南人工种蔗成本为 3 750 元/hm² 左右，而机械种植仅需 1 200~1 500 元/hm²，可节约成本 2 250~2 550 元/hm²。2015—2017 年，云南英茂糖业（集团）有限公司累计实施甘蔗机械化种植 2 113hm²，为蔗农节约甘蔗种植成本投入 500 万元左右。

（四）机械化中耕培土

进行人工中耕管理需要费用约 3 000 元/hm²，而机械中耕管理仅需 750 元/hm² 左右，可节约成本 2 250 元/hm² 左右。2015—2017 年，云南英茂糖业（集团）有限公司实施机械化中耕培土作业面积 4 380hm²，为蔗农节约中耕用工投入 985.5 万元左右。

（五）机械化收获

人工收获甘蔗的费用超过 150 元/t，而机械化收割的费用约为 80 元/t，可节约成本 70 元/t 左右。2015—2017 年，云南英茂糖业（集团）有限公司实施甘蔗机械化收割面积 746hm²，机收甘蔗 5.47 万 t，为蔗农节约收割成本 383 万元左右。

（六）机械化铲蔸

人工铲蔸作业需要费用 3 000 元/hm²，而机械化铲蔸仅需 750 元/hm² 左右，可节约成本 2 250 元/hm²。2015—2017 年，云南英茂糖业（集团）有限公司实施机械化铲蔸作业面积 1 280hm²，为蔗农节约铲蔸投入 288 万元左右；且甘蔗宿根年限可延长 1 年以上，增收甘蔗 767 600t，若按甘蔗原料 450 元/t 计算，蔗农可直接增加收入约 3.45 亿元。

综上所述，2015—2017 年云南英茂糖业（集团）有限公司共为蔗农节约甘蔗生产成本投入 2.3 亿元以上，为蔗农增加甘蔗产量约907 600t，增加蔗农植蔗收入 4.08 亿元以上，具有显著的经济效益。

三、存在的问题及解决途径

（一）甘蔗种植机

甘蔗种植机在进行机械化种植过程中，牵引拖拉机功率的大小、辅助下种工人与牵引机手配合的熟练程度、耕整地的质量、土壤的墒情、地块面积的大小对种植质量和作业效率都有显著影响。目前，云南英茂糖业（集团）有限公司使用的机型略显单一，质量不稳定，厂家的售后服务和产品质量都有待提高。针对以上问题，在加大甘蔗种植机研发力度、深入改进现有种植机械、加强机械售后服务的基础上，政府还应该加大推广土地平整力度，对蔗田进行规划整治，鼓励农民参加农业生产合作社，使蔗区耕地与现有的甘蔗种植机相匹配。

（二）甘蔗挖掘机

目前，云南英茂糖业（集团）有限公司进行挖掘机开沟作业的蔗地面积较少，主要与蔗区的耕作条件有关。我国蔗区耕地普遍存在种植地块面积较小、排布分散等问题，且多分布在山地丘陵等偏远地带，挖掘机开沟作业过程中搬运挖机费用高且难以组织，严重制约了蔗区挖掘机开沟作业的推广。这种情况下，高校、科研部门和农机生产企业要加大甘蔗挖掘机等开沟机械的研发力度，针对我国蔗区实际情况研发实用性强、操作性好的中小型机械，便于小面积蔗区及山地蔗区使用。

（三）甘蔗收获机

甘蔗机收后含杂率、损失率和破头率略高，对甘蔗的榨糖质量和效率以及下季宿根蔗的生长发育有一定影响；机械收获效率受地块面积以及甘蔗培土的影响较大。除提倡种植适宜机械收获的甘蔗新品种外，还有研究表明增加行距、深耕深松、合理培土等农艺措施都能够提高甘蔗机收效率、减缓宿根蔗机收后的衰退速度。

四、展望

云南甘蔗种植面积约 30 万 hm²，产糖量超 200 万 t，占全国蔗糖产量的 20% 以上。目前，甘蔗机械化程度还很低，甘蔗全程机械化的推广能够有效地减少劳动力和减轻劳动强度，有利于甘蔗的节本增效。云南英茂糖业（集团）有限公司对甘蔗全程机械化的投入及实施将带动云南甘蔗产业向高技术含量、高产量、高质量发展，促进云南甘蔗产业高质量发展，对蔗农增收、企业增效、促进边疆地区经济发展和脱贫攻坚、乡村振兴具有重要的意义。同时，甘蔗生产全程机械化的推广还可带动相关农机具销售量的增长，一定程度上解决了部分劳动力的就业和收入问题，是当前云南甘蔗产业急需推进的技术。

参 考 文 献

陈超君，梁和，何章飞，等，2011. 甘蔗机械收获对蔗蔸质量和宿根蔗生长影响初探 [J]. 广东农业科学（23）：26 - 30.

陈超平，阳慈香，杨丹彤，等，2009. 甘蔗机械化收获系统的试验与分析 [J]. 华南农业大学学报，30（3）：107 - 109.

邓德滋，1981. 论甘蔗经济高产的科学用肥问题 [J]. 甘蔗糖业（3）：25 - 30.

董学成，陶鑫，华荣江，2012. 甘蔗生产全程机械化技术 [J]. 农业工程，2（5）：11 - 13.

方志存，高欣欣，李美蓉，等，2016. 不同收获方式对甘蔗农艺性状及产量的影响 [J]. 中国糖料，38（5）：6 - 8.

高欣欣，李绍伟，刘高源，等，2018. 云南英茂糖业有限公司甘蔗全程机械化应用现状与分析 [J]. 中国糖料，40（1）：40 - 42，45.

郭廷辅，刘万铨，廖纯艳，等，1997. 水土保持综合治理技术规范　坡耕地整治技术：GB/T 16543.1—1996 [S]. 北京：中国标准出版社.

黄丽丽，杨坚，梁兆新，等，2007. 甘蔗剥叶机械化的制约因素及其排除方法探讨 [J]. 广西农业机械化 (6)：29-31.

黄严，梁和，陈超君，等，2016. 机械收割对不同种植行距宿根蔗的生长效应研究 [J]. 中国农机化学报，37 (9)：250-253，279.

李如丹，张跃彬，杨丹彤，等，2012. 云南蔗区多样性地形发展甘蔗全程机械化潜力研究 [J]. 中国农机化 (4)：71-75.

李儒仲，黄严，黄有总，等，2013. 影响甘蔗机械收割蔗蔸质量的农艺因素研究 [J]. 广西农业机械化 (4)：9-12.

李杨瑞，2010. 现代甘蔗学 [M]. 北京：中国农业出版社.

梁阗，王维赞，罗亚伟，等，2014. 机械收获对不同甘蔗原料蔗质量及宿根发株的影响 [J]. 安徽农业科学，42 (26)：8933-8935.

廖平伟，2010. 我国甘蔗机械化生产的技术及经济分析研究 [D]. 福州：福建农林大学.

廖青，韦广泼，刘斌，等，2010. 机械化深耕深松栽培对甘蔗生长及产量的影响 [J]. 广西农业科学，41 (6)：542-544.

刘赞东，白玉成，唐遵峰，2007. 甘蔗收获机械　试验方法：JB/T 6275—2007 [S]. 北京：中国标准出版社.

莫建霖，刘庆庭，2013. 我国甘蔗收获机械化技术探讨 [J]. 农机化研究 (3)：12-18.

莫清贵，2012. 甘蔗品种对机械化收割的影响 [J]. 广西职业技术学院学报，5 (3)：12-15.

卿上乐，区颖刚，刘庆庭，2005. 土壤支撑下甘蔗茎秆的内力和变形 [J]. 华中农业大学学报 (S1)：109-113.

全国农业技术推广服务中心，2004. 高产高糖甘蔗种植技术手册 [M]. 北京：中国农业科学技术出版社.

权仁周，2016. 浅谈我国甘蔗种植机现状与发展建议 [J]. 科技创新导报 (36)：83-84.

司伟，王秀清，2004. 中国糖料生产成本差异及其原因分析 [J]. 农业科技经济 (2)：54-57.

孙涛，李艳芳，李树忠，等，2014. 西双版纳州甘蔗机械收获损失调查及对策初探 [J]. 中国糖料 (3)：58-59.

唐遵锋，胡国胜，李春友，等，2007. 2CZY-2型甘蔗联合种植机的设计与研究 [J]. 农业机械 (10)：73-75.

王增，李尚平，李凯华，等，2015. 甘蔗收获机切割器液压系统压力影响因素的试验研究 [J]. 中国农机化学报，36（1）：37 - 40.

吴才文，赵俊，刘家勇，等，2014. 现代甘蔗种业 [M]. 北京：中国农业出版社.

杨丹彤，2002. 小型整秆式甘蔗收获机研究与设计 [D]. 广州：华南农业大学.

杨望，杨坚，刘增汉，等，2011. 入土切割对甘蔗切割过程影响的仿真试验 [J]. 农业工程学报，27（8）：150 - 156.

尹明玉，马剑，2014. 发展甘蔗机械化收获的建议 [J]. 中国农机化学报，35（4）：296 - 300.

张华，沈胜，罗俊，等，2009. 关于我国甘蔗机械化收获的思考 [J]. 中国农机化（4）：15 - 16，33.

张跃彬，邓军，龙云峰，等，2013. 云南高原特色甘蔗产业发展与技术战略研究 [M]. 北京：中国农业出版社，11.

张宗俭，卢忠利，姚登峰，等，2016. 飞防及其专用药剂与助剂的发展现状与趋势 [J]. 农药科学与管理，37（11）：19 - 23.

NAJAFI P, ASOODAR M A, MARZBAN A, et al. , 2015. Reliability analysis of agricultural machinery：a case study of sugarcane chopper harvester [J]. Agricultural Engineering International：The CIGR e - journal，17（1）：158 - 165.

第五章

甘蔗轻简高效施肥技术

在甘蔗生产中，施肥不仅能有效维护和提高蔗园土壤肥力，还可以满足甘蔗生产所需的矿物质营养，保障甘蔗正常生长发育，从而获得高产、高糖的原料蔗。长期以来，甘蔗生产一般需要多次施肥，如施基肥、壮苗肥、攻茎肥，甚至壮尾肥等，才能满足甘蔗整个生育期对养分的需求。目前，随着蔗区劳动力日益紧缺，劳动力成本逐年上涨，导致甘蔗生产成本逐年上涨，严重影响了蔗农种蔗的积极性。推广应用缓（控）释肥料和轻简高效施肥技术、减少施肥量和施肥次数，是蔗农的迫切需求，更是甘蔗产业高质量发展的重要方向。

第一节　云南不同生态蔗区甘蔗施肥现状分析与评价

甘蔗种植已成为振兴云南边疆少数民族农业经济和农民增收的重要支柱产业。农田施肥是保持土壤肥力和增加作物产量的重要环节之一，尽管提高甘蔗产量和糖分主要是依靠品种的选育和栽培条件的改善来实现，但是植物营养和合理施肥同样是影响作物产量和品质的重要因素。合理施肥可以增加产量、提高糖分，因此，调查与研究全省甘蔗施肥状况对甘蔗生产具有重要的意义。通过对蔗农施肥现状的抽样调查和统计数据资料的分析，从甘蔗产量、施肥量、施肥方式、施用肥料品种等方面对甘蔗施肥现状进行评价，为云南省甘蔗生产中养分优化管理提供了依据。

一、数据来源与调查方法

（一）数据收集与调查方法

数据主要来源于对全省不同生态蔗区蔗农的抽样调查。在2013/2014榨季调查情况的基础上进行分析总结，针对蔗区农户，在云南省3个生态蔗区的5个甘蔗主产区（临沧、保山、德宏、文山、普洱）采用统一问卷实地走访调查的方式，共调查了1 350户蔗农，调查内容主要包括甘蔗产量、肥料种类、施肥方式及施用量等。具体调查地点分布及样本数见表5-1。

表5-1　调查地点分布及样本数

生态区	县（区）	样本数
南亚热带湿润蔗区（SSHR）	临沧蔗区（临翔、耿马、沧源、永德、云县、凤庆、镇康、双江），德宏蔗区（芒市、陇川、梁河、盈江、瑞丽），普洱蔗区（景谷、景东、墨江、孟连、江城、西盟、澜沧）	1 044
北热带半湿润蔗区（NTSHR）	保山蔗区（隆阳、施甸、腾冲）	240
中亚热带湿润蔗区（MSHR）	文山蔗区（富宁）	66

（二）养分计算

农户施用的肥料中养分含量的计算。单质肥料按各肥料养分含量标准计算；复合肥与专用肥按实际调查记录值计算，没有记录的按调查的多数平均值计算。

二、云南不同生态蔗区甘蔗施肥现状分析

（一）不同生态蔗区甘蔗产量现状

对不同生态蔗区的1 350户蔗农的甘蔗生产状况进行调查，根

据调查结果将甘蔗产量分为5级（表5-2），南亚热带湿润蔗区甘蔗平均产量最高，为81.73t/hm²；其次为中亚热带湿润蔗区，平均产量为81.40t/hm²；北热带半湿润蔗区的甘蔗平均产量最低，为75.44t/hm²，全省甘蔗平均产量为80.35t/hm²。南亚热带湿润蔗区中甘蔗产量中等的蔗农占样本总数的28.45%；产量很低和偏低的蔗农占样本总数半数以上，为53.36%；产量很高和偏高的蔗农仅占18.20%。北热带半湿润蔗区中甘蔗产量中等的蔗农占13.75%；很低和偏低的蔗农占79.17%；产量偏高的蔗农仅占7.08%；未调查到产量很高的蔗农样本。中亚热带湿润蔗区中甘蔗产量中等的蔗农占27.27%；产量偏低和很低的蔗农占68.19%；产量偏高的蔗农仅占4.55%；未调查到产量很高的蔗农样本。结果表明，全省蔗区产量在中等偏低水平。

表5-2 云南甘蔗产量分布

等级	产量分级/(t/hm²)	南亚热带湿润蔗区		北热带半湿润蔗区		中亚热带湿润蔗区	
		样本数	比例/%	样本数	比例/%	样本数	比例/%
很低	≤75.00	288	27.59	100	41.67	7	10.61
偏低	75.00~85.00	269	25.77	90	37.50	38	57.58
中等	85.00~90.00	297	28.45	33	13.75	18	27.27
偏高	90.00~95.00	102	9.77	17	7.08	3	4.55
很高	>95.00	88	8.43	0	0	0	0

（二）不同生态蔗区甘蔗基肥、追肥分配及肥料种类

由不同生态蔗区的蔗农施用的肥料种类（表5-3）可知，化肥种类主要包括单质氮、磷、钾肥及复合肥；有机肥种类虽多，但蔗区以滤泥、酒精废液、蔗叶还田及动物粪肥为主。

南亚热带湿润蔗区基肥以复合肥比例最大，占基肥施肥品种的45.98%；其次是尿素，占18.93%；再次是有机肥的蔗叶还田，占11.67%。追肥也是以复合肥为主，占追肥施用品种的77.24%；其次是尿素，占18.01%；再次是过磷酸钙，占4.75%。该蔗区施

用基肥的蔗农比例为 99.7%，施用追肥的蔗农比例为 47.3%。

北热带半湿润蔗区基肥以有机肥中的动物粪肥比例最大，占基肥施肥品种的 40.55%；其次是尿素，占 35.05%；再次是有机肥的滤泥，占 14.43%。追肥全部施用复合肥。该蔗区施用基肥的蔗农比例为 47.1%，施用追肥的蔗农比例为 94.2%。

中亚热带湿润蔗区基肥以尿素和过磷酸钙为主，其分别占基肥施肥品种的 63.16% 和 36.84%。追肥全部施用复合肥。该蔗区施用基肥的蔗农比例为 45.4%，施用追肥的蔗农比例为 93.9%。

调查结果得出，蔗区施用复合肥的比例较高，其施用的样本比例占到了总样本数的 94.1%；而单质肥料施用较少，施用尿素的样本比例占到了总样本数的 41.6%，而施用过磷酸钙的样本比例仅占到了总样本数的 15.1%，施用硫酸钾的样本比例则更少，仅为 0.4%。由此可以得出，复合肥因具有施用简单方便、营养成分较为全面的优点，受到大部分蔗农的青睐。

（三）不同生态蔗区甘蔗化肥养分投入状况

不同生态蔗区甘蔗化肥养分投入状况调查表明（表 5-4），全省化肥氮（N）、磷（P_2O_5）和钾（K_2O）投入量分别是 181.10kg/hm^2、116.79kg/hm^2 和 95.86kg/hm^2。

南亚热带湿润蔗区的化学氮肥、磷肥和钾肥投入量最高，氮肥投入量变化在 0~525.60kg/hm^2，平均为 207.98kg/hm^2；磷肥投入量变化在 0~336.00kg/hm^2，平均投入量为 122.60kg/hm^2；钾肥投入量变化均在 0~292.50kg/hm^2，平均投入量为 108.55kg/hm^2。

北热带半湿润蔗区的化学氮肥投入量变化在 0~344.40kg/hm^2，平均投入量最低，为 131.41kg/hm^2；磷肥投入量变化在 0~210.00kg/hm^2，平均为 99.95kg/hm^2；钾肥投入量变化在 0~84.00kg/hm^2，平均投入量最低，为 46.58kg/hm^2。

中亚热带湿润蔗区的化学氮肥用量为 0~374.40kg/hm^2，平均值为 193.71kg/hm^2；磷肥用量变化在 0~192.00kg/hm^2，平均用量最低，为 86.18kg/hm^2；钾肥用量变化在 0~96.00kg/hm^2，平

表5-3 不同生态蔗区主要化肥品种提供的养分比例

肥料种类	南亚热带湿润蔗区 基肥		南亚热带湿润蔗区 追肥		北热带半湿润蔗区 基肥		北热带半湿润蔗区 追肥		中亚热带湿润蔗区 基肥		中亚热带湿润蔗区 追肥	
	样本数	比例/%	样本数	比例/%	样本数	比例/%	样本数	比例/%	样本数	比例/%	样本数	比例/%
尿素	266	18.93	197	18.01	102	35.05	0	0	24	63.16	0	0
过磷酸钙	97	6.90	52	4.75	29	9.97	0	0	14	36.84	0	0
硫酸钾	6	0.43	0	0	0	0	0	0	0	0	0	0
复合肥	646	45.98	845	77.24	0	0	226	100.00	0	0	62	100.00
滤泥	51	3.63	0	0	42	14.43	0	0	0	0	0	0
酒精废液	151	10.75	0	0	0	0	0	0	0	0	0	0
蔗叶还田	164	11.67	0	0	0	0	0	0	0	0	0	0
动物粪肥	24	1.71	0	0	118	40.55	0	0	0	0	0	0

表5-4　不同生态蔗区甘蔗化肥投入量

区域	平均产量/(t/hm²)	N投入量/(kg/hm²)				P₂O₅投入量/(kg/hm²)				K₂O投入量/(kg/hm²)			
		最大值	最小值	平均值	标准差	最大值	最小值	平均值	标准差	最大值	最小值	平均值	标准差
南亚热带湿润蔗区	81.40	525.60	0	207.98Aa	122.36	336.00	0	122.60Aa	75.05	292.50	0	108.55Aa	69.20
北热带半湿润蔗区	75.53	344.40	0	131.41Bb	66.92	210.00	0	99.95Bb	39.07	84.00	0	46.58Cc	21.07
中亚热带湿润蔗区	82.06	374.40	0	193.71Aa	69.41	192.00	0	86.18Bb	34.62	96.00	0	74.18Bb	28.71
全省	80.39	398.40	0	181.10	114.66	336.00	0	116.79	69.35	292.00	0	95.86	66.35

注：表中大写字母表示在1%水平下差异极显著；小写字母表示在5%水平下差异显著。

均用量为 74.18kg/hm²。蔗区甘蔗养分主要由化肥提供，由表 5-4 可得出，云南各生态蔗区甘蔗化肥养分投入量均表现为氮肥＞磷肥＞钾肥。

（四）不同生态蔗区甘蔗施肥量与产量的关系

不同生态蔗区、不同肥料投入水平下蔗农户数和产量分布（图 5-1、图 5-2、图 5-3）结果表明，随着化肥氮、磷、钾养分投入量的增加，3 个不同生态蔗区中甘蔗产量均呈现稳定上升的趋

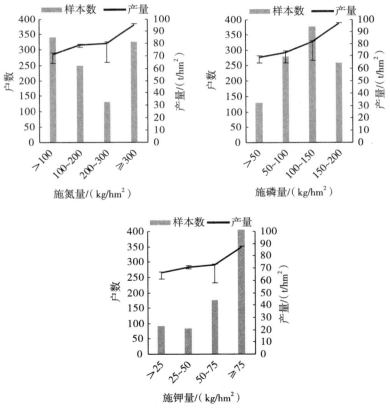

图 5-1　南亚热带湿润蔗区不同肥料投入水平下蔗农户数和产量

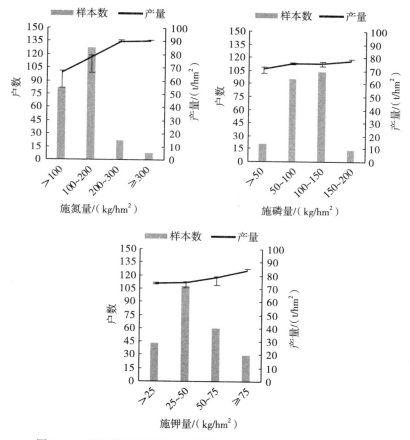

图5-2 北热带半湿润蔗区不同肥料投入水平下蔗农户数和产量

势。氮肥施用量超过 300kg/hm² 时，三个生态蔗区平均产量分别达 95.06t/hm²、90.05t/hm² 和 84.75t/hm²。磷肥施用量为 150～200kg/hm² 时，三个生态蔗区平均产量分别达 96.56t/hm²、77.69t/hm² 和 83.25t/hm²。钾肥施用量超过 75kg/hm² 时，三个生态蔗区平均产量分别达 87.12t/hm²、83.83t/hm² 和 83.62 t/hm²。说明在云南蔗区合理增施氮、磷、钾肥可增加甘蔗的产量，这与前人的研究结果一致。

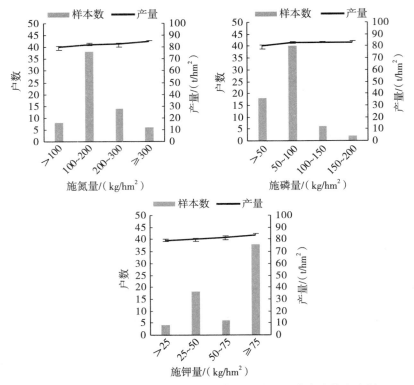

图 5-3　中亚热带湿润蔗区不同肥料投入水平下蔗农户数和产量

（五）不同生态蔗区甘蔗施肥时间、方式及深度

不同生态蔗区甘蔗施肥以两次施肥（基肥＋追肥）和一次施肥（追肥）为主。基肥施肥时间是在甘蔗下种时随蔗种一起施入，在甘蔗进入拔节伸长期时进行追肥。调查结果表明，不同生态蔗区追肥均在 4—6 月完成。

施肥的深度直接影响根系对养分的吸收效率。对不同生态蔗区施肥方式和深度的调查表明，新植甘蔗基肥（包括化肥和有机肥）均采用条施的方式，中耕培土期的追肥主要采用穴施或者条施的方式，分别占到调查蔗农总数和总蔗园数的 77％ 和 20％，采用撒施方式的蔗农所占的比例相对较小。就施肥深度而言，全省各生态蔗区条施基肥的深度存在较大差异，从 15cm 左右至 35cm 左右不等。然而各生态蔗区在追肥的施用过程中存在施肥后不盖土的现象，且各生态蔗区之间有较大差异。调查发现，南亚热带湿润蔗区追肥后不进行覆土的蔗农占样本总数的 33.52％；北热带半湿润蔗区追肥后不进行覆土的蔗农占样本总数的 48.39％；中亚热带湿润蔗区追肥后不进行覆土的蔗农占样本总数的 82.53％。

三、云南不同生态蔗区甘蔗施肥状况评价

（一）合理施肥量的确定

由于蔗区有机肥施用比例较小，而施用的有机肥大部分只有经过微生物分解后才能被吸收利用，且有机肥中速效养分和缓效养分的比例不确定，因此，本研究在确定合理施肥量时只考虑化肥投入。通过调查分析云南不同生态蔗区甘蔗养分投入量与产量的关系，结合测土施肥推荐指标和相关资料得出云南省蔗区肥料的合理用量。甘蔗产量为 85.00～90.00t/hm² 时，建议施肥用量为：氮肥（N）285～350kg/hm²，磷肥（P_2O_5）200～250kg/hm²，钾肥（K_2O）175～225kg/hm²。

（二）施肥量分级标准的确定

在蔗区合理施肥量调查的基础上，将 N、P_2O_5、K_2O 施用量分为很低、偏低、合理、偏高和较高 5 级，如表 5-5 所示。将小于合理用量 50％的定义为"很低"，大于合理用量 150％的定义为"较高"，"合理"与"很低"之间为"偏低"，"合理"与"较高"之间为"偏高"。

表 5-5　不同生态蔗区施肥量分级标准

养分	施肥量/(kg/hm²)				
	很低	偏低	合理	偏高	较高
N	<143	143～285	285～350	350～525	>525
P_2O_5	<100	100～200	200～250	250～375	>375
K_2O	<88	88～175	175～225	225～338	>338

（三）施肥状况的评价

据表 5-5 确定的不同生态蔗区施肥量分级标准，对云南不同生态蔗区甘蔗化肥施用量进行分析与评价（图 5-4）。由图 5-4 可知，南亚热带湿润蔗区化学氮肥、磷肥和钾肥投入合理的比例低，分别为 18.2％、5.3％和 7.4％，很低和偏低的比例均较高，均未调查到投入较高的样本。北热带半湿润蔗区氮肥和磷肥投入合理的比例分别为 3.3％和 2.5％，很低和偏低的比例均较高，未调查到投入很高和较高的样本，钾肥投入量在很低水平。中亚热带湿润蔗区氮肥和磷肥投入合理的比例分别为 6.1％和 9.1％，氮肥投入偏低的比例高，为 78.8％，磷肥投入很低的比例为 87.9％，钾肥投入量在很低和偏低水平，投入比例分别为 42.4％和 57.6％。由此可知，不同生态蔗区蔗农施肥习惯存在一定差异，但蔗区氮、磷、钾肥投入量均不足。

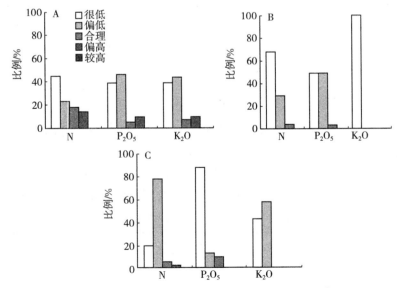

图 5-4　不同生态蔗区养分不同投入水平所占比例

注：图中 A 为南亚热带湿润蔗区，B 为北热带半湿润蔗区，C 为中亚热带湿润蔗区。

四、云南蔗区蔗农养分管理存在的主要问题

调查分析得出蔗区蔗农在养分管理中存在以下突出问题。

(一)氮、磷、钾养分施用不平衡

不同生态蔗区氮、磷、钾养分施用不平衡,成为限制甘蔗增产与肥料投入效益的重要因素。不同生态蔗区氮肥(N)投入量变化为 $0\sim398.40kg/hm^2$,磷肥(P_2O_5)投入量变化为 $0\sim336.00kg/hm^2$,钾肥(K_2O)投入量变化为 $0\sim292.00kg/hm^2$,养分投入极不平衡,氮、磷、钾肥投入过量与不足的问题同时存在,投入不足的比例更大,严重影响甘蔗产量。调查中发现蔗农普遍注重施用氮肥,不施或少施钾肥,甘蔗施肥缺乏科学性,各生态蔗区甘蔗化肥养分投入量均表现为氮肥>磷肥>钾肥。

调查结果得出,蔗区普遍存在轻基肥、重追肥的现象,或者在追肥时只注重氮肥而忽视了磷、钾肥的施用。复合肥施用比例较高,其施用的样本比例占到了总样本数的94.13%。但是,蔗区普遍施前不开沟、施后不盖土,造成肥料利用率低。根据云南的气候特点,基肥投入应根据种蔗时期选择合适的施肥量,追肥一般选择在中耕培土时施入,要注意该时期的降雨情况,尽量在降雨前施入并覆土以充分发挥肥效,追肥才可更有效地得到利用。蔗区应平衡氮肥和磷肥用量,增加钾肥和有机肥用量。

(二)有机肥投入严重不足

有机肥是农田的一项重要养分来源,在土壤培肥上具有重要作用。随着人们生活水平的提高,有机肥的种类和数量越来越少,由于劳动力成本等因素的限制,蔗农选择单一地施用化肥,而忽略了有机肥的作用。研究表明增施有机肥能提高甘蔗分蘖率,显著提高甘蔗产量和品质,改善土壤理化性质。Elsayed 等(2014)连续三个榨季的研究表明,施用滤泥可获得高糖品质,并且随着滤泥浓度的增加,土壤有机碳、总氮量和有效磷含量同时增加。苏天明等

（2009）的研究也表明蔗地施用酒精废液做基肥能显著提高其土壤肥力和有机质、腐殖质的作用，在甘蔗出苗、分蘖和生长发育中起到关键性的作用，同时，施废液的土壤种植甘蔗对废液养分吸收和环境净化有一定作用。Vastava 等（2002）连续 4 年的研究表明，蔗叶还田的甘蔗单产显著高于无覆盖的甘蔗单产，增产幅度达 47.8%。郭家文等（2010）的研究也表明蔗叶还田能使土壤得到持续的培肥，保证了甘蔗的持续增产。因此，有机肥在甘蔗种植中是非常重要的，它不但可以提高甘蔗的产量和品质，还可以培肥土壤、改善土壤环境。为保证蔗区的可持续发展，建议在今后的施肥中，蔗农应重视有机肥的多途径投入，并注重有机肥和无机肥的合理配施。

（三）甘蔗施肥管理存在盲目性

调查发现，蔗区蔗农在甘蔗施肥管理上存在很大的盲目性。偏施、滥施现象比较普遍，氮、磷、钾肥比例不合理，且片面依赖化肥，忽视有机肥的施用，要彻底改变这一现状，最根本的办法就是推广实施测土配方施肥技术。皇本连等（2011）研究也表明实施测土配方施肥可增加甘蔗产量 20.8%～37.6%。王龙等（2009）在陇川应用配方施肥技术，使 2006—2008 年连续 2 年甘蔗增产 12.75～15.75t/hm^2，蔗糖分提高了 0.23%～0.48%。甘蔗测土配方施肥能提高肥料利用效率，改善蔗区土壤环境，培肥地力，改善农艺性状，提高甘蔗产量和蔗农经济效益，促进甘蔗产业的可持续发展。

五、结论

云南不同生态蔗区存在重追肥、轻基肥，重化肥和复合肥、轻有机肥，重氮肥、轻钾肥的现象；且部分地区追肥不覆土现象严重。因此，针对不同生态蔗区应积极推广有机肥的投入，平衡氮肥与磷肥用量，提高钾肥的施用量，优化基肥、追肥投入比例，推广测土配方施肥，做到施肥覆土，提高肥料利用效率。

第二节　氮、磷、钾在甘蔗体内的
积累及对产量品质的影响

　　氮、磷、钾称为肥料三要素，为植物必需的大量营养元素，是施肥的主体。甘蔗是 C_4 作物，具有生物量高、生长快、生长周期长、养分吸收量大等特点。每生产 1 000kg 蔗茎，需吸收氮（N）1.5～2.0kg、磷（P_2O_5）1.0～1.5kg、钾（K_2O）2.0～2.5kg。适量的氮对甘蔗前期的出芽、分蘖、茎伸长、出叶速度等都有促进作用，还可以使蔗汁丰富、单茎增重、单位面积产量提高。磷参与糖的合成、运输、贮藏，当蔗株体内磷水平正常时，44%左右的光合产物从功能叶运至生长点和嫩叶，当发生磷素亏缺时，则只有17%左右的光合产物从功能叶运出，从而导致糖分含量下降。正常的钾素水平能保证光合作用正常进行，促进碳水化合物代谢及糖的运输贮存，并且能提高转化酶活性，直接提高糖分。氮、磷、钾对甘蔗产量和品质有显著的影响。

　　目前，甘蔗生产中普遍存在着施肥不合理（多施、滥施）的现象。合理施肥是提高作物产量和改善品质的有效途径，但随着化肥的大量施用，只追求高产而过多地施用化肥对作物品质的负面影响日益突出。不同植物的氮、磷、钾营养效率方面的相关研究报道较多，为本研究的开展积累了丰富的经验。本研究通过田间试验研究不同氮、磷、钾用量对甘蔗体内氮、磷、钾养分吸收积累的特征、产量、品质及肥料利用的影响，旨在揭示甘蔗对氮、磷、钾的吸收积累规律，为甘蔗的高产高糖栽培提供理论依据。

一、材料与方法

（一）试验设计

　　试验设在云南省农业科学院甘蔗研究所冷水沟试验基地进行，

年平均气温为 19.9℃，年降水量为 700mm 左右。试验田基本土壤肥力为：pH 5.9，有机质含量为 22.9g/kg，全氮含量为 1.64g/kg，全磷含量为 0.67g/kg，全钾含量为 13.7g/kg，碱解氮含量为 82.85mg/kg，有效磷含量为 9.72mg/kg，速效钾含量为 115.87mg/kg，速效锰含量为 141.22mg/kg，有效锌含量为 2.76mg/kg，有效铜含量为 3.80mg/kg。

供试的甘蔗品种为赣蔗 95-108。于 2008 年 3 月 23 日播种，每公顷下芽量为 151 185 芽（每米种植沟 12 个芽），行距为 1m，4 行 1 个小区，行长为 4.5m，小区面积为 18m²。氮肥用尿素，按纯氮计算，设 150、300 和 450kg/hm² 3 个用量，分别表示为 N_{150}、N_{300} 和 N_{450}，3 个施氮的处理不施磷、钾肥，基肥和追肥各占 50%，在甘蔗种植和中耕培土时施用；磷肥用过磷酸钙，按 P_2O_5 计算，设 75、150 和 225kg/hm² 3 个用量，分别用 P_{75}、P_{150} 和 P_{225} 表示，3 个施磷的处理不施氮、钾肥，磷肥在甘蔗种植时做基肥一次施用；钾肥用硫酸钾，按 K_2O 计算，设 150、300 和 450kg/hm² 3 个用量，分别用 K_{150}、K_{300} 和 K_{450} 表示，3 个施钾肥的处理不施氮、磷肥，钾肥在甘蔗种植时做基肥一次施用。以不施肥处理 CK 作为对照。试验共设 10 个处理、4 次重复。于 2009 年 2 月 18 日收获，每小区砍取有代表性的甘蔗 12 株，其中 8 株交国家糖料改良中心云南分中心糖分检测室检测甘蔗的品质，剩余的 4 株分梢头、蔗叶和蔗茎 3 部分收获，烘干粉碎后用于测定氮、磷、钾含量。

(二) 测定项目与方法

采用二次旋光法测定蔗糖分，用重量法测定甘蔗纤维分、出汁率，用铜还原直接滴定法测定蔗汁还原糖，用密度计测蔗汁重力纯度。简纯度＝（蔗汁糖度/改正锤度）×100，纤维分为甘蔗组织中不溶于水的物质的质量分数。植株样品粉碎混匀后用 H_2SO_4-H_2O_2 消煮，用 K314 自动定氮仪器测定氮的含量，用钼锑抗比色法测定磷的含量，用岛津原子吸收（AA6300）分光光度法测定钾的含量。

（三）计算方法

肥料生产效率、养分利用效率、养分吸收效率参照赵俊晔和于振文（2006）的方法并略加修改。氮（磷、钾）肥生产效率＝蔗茎产量/施氮（磷、钾）肥量；氮（磷、钾）养分吸收效率＝植株氮（磷、钾）素积累量/施氮（磷、钾）肥量；氮（磷、钾）养分利用效率＝蔗茎产量/植株氮（磷、钾）素积累量；氮（磷、钾）素收获指数＝蔗茎氮（磷、钾）素积累量/植株氮（磷、钾）素积累量。

二、结果与分析

（一）氮、磷、钾不同用量对甘蔗产量和品质的影响

从表5-6可看出施用氮、磷、钾肥对甘蔗产量和品质的影响状况。施用氮肥使蔗茎产量、蔗糖分、纤维分、产糖量有随着施肥量增加而增加的趋势，但各处理间差异不明显，对简纯度的影响也不明显。施磷量为75、150、225kg/hm² 时，蔗茎产量分别比对照增产625、7 361.1、8 263.9kg/hm²，增产率分别为1%、10%、11%；增糖率为5%～11%，且随着施磷量的增加而增加；磷肥可显著地增加甘蔗的纤维分，而施磷肥处理间差异不显著；施磷对甘蔗的蔗糖分和简纯度的影响不明显。施钾可显著地增加蔗茎产量、蔗糖分和产糖量，施钾量为150、300、450kg/hm² 时，蔗茎产量分别比对照增产7 152.8、11 944.4、19 236.1kg/hm²，增产率分别为10%、16%、26%；增糖率为14%～30%，且随着施钾量的增加而增加；施钾可降低甘蔗的纤维分，当施钾量为450kg/hm²时达到显著性差异；施钾对蔗汁简纯度的影响不明显。回归分析表明（表5-7），甘蔗的产量与钾肥的用量呈显著的正相关，与氮和磷的用量相关性不显著；甘蔗的产糖量与磷、钾的用量呈显著的正相关，与氮肥的用量没有显著性相关；甘蔗的蔗糖分与氮、磷、钾肥的用量均没有直接的关系；甘蔗的纤维分与磷和钾的用量呈正相关，与氮的用量呈显著正相关。

表 5-6　氮、磷、钾不同用量对甘蔗产量和品质的影响

处理	蔗茎产量/(kg/hm²)	蔗糖分/%	纤维分/%	简纯度/%	产糖量/(kg/hm²)
CK	73 402.8e	14.82b	15.23bcd	82.93a	10 878.7e
N_{150}	77 291.6cde	14.84b	15.59abcd	82.77a	11 463.5cde
N_{300}	77 916.6cde	15.01ab	15.74abc	81.91a	11 690.3cde
N_{450}	77 986.1cde	15.05ab	15.92ab	82.40a	11 729.9cde
P_{75}	74 027.8de	14.93ab	15.71abc	83.02a	11 046.8de
P_{150}	80 763.9bcd	14.81b	15.53abcd	82.97a	11 944.5cd
P_{225}	81 666.7bc	15.00ab	16.26a	82.37a	12 250.2bc
K_{150}	80 555.6bcd	15.35a	15.02cd	83.50a	12 360.7bc
K_{300}	85 347.2b	15.15ab	15.03cd	82.71a	12 919.3b
K_{450}	92 638.9a	15.27ab	14.80d	82.94a	14 148.5a

注：同列数据不同小写字母表示处理间在 0.05 水平下差异显著，下表同。

表 5-7　氮、磷、钾施用量与甘蔗产量和品质的相关性分析

施肥类型	参数	回归方程	F 值	R^2
N	蔗茎产量	$Y=74493.0383+9.58X$	5.150	0.720
	产糖量	$Y=11023.54+1.8536X$	10.200	0.836
	蔗糖分	$Y=14.8010+0.000573X$	18.400	0.902
	纤维分	$Y=15.2870+0.001480X$	44.885**	0.957
P_2O_5	蔗茎产量	$Y=72736.1258+42.0371X$	13.900	0.874
	产糖量	$Y=10778.22+6.6829X$	27.290*	0.932
	蔗糖分	$Y=14.827+0.00056X$	1.090	0.353
	纤维分	$Y=15.246+0.00388X$	6.100	0.753
K_2O	蔗茎产量	$Y=93611.1391+41.6666X$	329.240*	0.994
	产糖量	$Y=11021.6002+6.912X$	75.160*	0.974
	蔗糖分	$Y=14.975+0.000767X$	1.360	0.405
	纤维分	$Y=15.212-0.000853X$	15.340	0.885

注：* 表示在 0.05 水平下差异显著，** 表示在 0.01 水平下差异极显著。

（二）不同施肥量对成熟期甘蔗地上部氮、磷、钾积累的影响

1. 不同施氮量对甘蔗地上部氮素积累的影响

随着施氮量的增加，氮素在甘蔗各部位的分配各不相同（表5-8）。在梢头中，氮素的积累量在各处理间差异不显著；在枯叶中，氮素积累量随着施氮量的增加而增加，其中N$_{450}$处理的氮素积累量与对照达到显著差异水平，而N$_{150}$和N$_{300}$两个处理与对照差异不显著，增施氮肥的各处理间差异不显著；在蔗茎中，氮素的积累量随着施氮量增加而增加，其中N$_{450}$处理的氮素积累量与对照达到显著差异水平，其余处理间差异不显著。随着施氮量的增加，蔗茎和枯叶中的氮素在整个甘蔗植株中比例在增加，梢头中的氮素积累比例在下降，可以看出当氮素不足时，甘蔗氮素优先供应幼嫩的梢头。甘蔗各组织中积累的氮素含量由高到低依次是蔗茎（＞50％）、梢头（30％左右）和枯叶（＜20％）。

2. 不同施磷量对甘蔗地上部磷素积累的影响

增施磷肥对蔗茎中磷素的积累量有显著的影响，而对梢头和枯叶影响不明显（表5-9）。在梢头中，磷素的含量随着施磷量增加呈现增加的趋势，各处理间差异不显著；在枯叶中，磷素的含量随着施磷量增加呈现降低的趋势，各处理间差异不显著；在蔗茎中，磷素的积累量随着施磷量的增加而增加，其中当磷素＞150kg/hm^{2}时，呈显著性差异；在整个地上部植株中磷素的积累量随着施磷量的增加而增加，其中当磷素＞150kg/hm^{2}时，呈显著性差异。当施磷量＜75kg/hm^{2}时，各组织中磷的积累量大小顺序依次为梢头＞蔗茎＞枯叶，当施磷量＞150kg/hm^{2}时，各组织中磷的积累量大小顺序依次为蔗茎＞梢头＞枯叶，随着施磷量的增加，梢头和枯叶的磷积累比例在下降，蔗茎中磷的积累比例在增加。

3. 不同施钾量对甘蔗地上部钾素积累的影响

增施钾肥对甘蔗地上部钾素的含量有显著的影响（表5-10）。在梢头中，增施钾肥的处理中钾素的积累量比对照高出3％～30％，

表 5-8　氮素在甘蔗地上部不同器官中的分配

| 处理 | 梢头 | | 枯叶 | | 蔗茎 | | 总积累量/ (kg/hm²) | 肥料生产效率/ (kg/kg) | 利用效率/ (kg/kg) | 吸收效率/ (kg/kg) | 氮素收获指数 |
	积累量/ (kg/hm²)	积累比例/ %	积累量/ (kg/hm²)	积累比例/ %	积累量/ (kg/hm²)	积累比例/ %					
CK	68.1a	32.1	32.7b	15.4	111.6b	52.5	212.4a	—	345.6	—	0.53
N_{150}	62.0a	29.7	34.5ab	16.5	112.6b	53.8	209.1a	515.3	369.6	1.394	0.54
N_{300}	57.7a	27.9	35.2ab	17.0	113.8b	55.1	206.7a	259.7	377.0	0.689	0.55
N_{450}	59.0a	26.3	39.2a	17.5	125.9a	56.2	224.1a	173.3	348.0	0.498	0.56

表 5-9　磷素在甘蔗地上部不同器官中的分配

| 处理 | 梢头 | | 枯叶 | | 蔗茎 | | 总积累量/ (kg/hm²) | 肥料生产效率/ (kg/kg) | 利用效率/ (kg/kg) | 吸收效率/ (kg/kg) | 磷素收获指数 |
	积累量/ (kg/hm²)	积累比例/ %	积累量/ (kg/hm²)	积累比例/ %	积累量/ (kg/hm²)	积累比例/ %					
CK	9.8a	39.2	5.6a	22.4	9.6c	38.4	25.0c	—	2 936.1	—	0.38
P_{75}	9.9a	36.8	6.9a	25.7	10.1c	37.5	26.9c	936.6	2 752.0	0.135	0.38
P_{150}	10.0a	27.9	5.7a	15.9	20.2b	56.3	35.9b	538.4	2 249.7	0.135	0.56
P_{225}	11.0a	25.8	6.1a	14.3	25.5a	59.9	42.6a	363.0	1 917.1	0.113	0.60

表 5 - 10 钾素在甘蔗地上部不同器官中的分配

处理	梢头 积累量/(kg/hm²)	梢头 积累比例/%	枯叶 积累量/(kg/hm²)	枯叶 积累比例/%	蔗茎 积累量/(kg/hm²)	蔗茎 积累比例/%	总累量/(kg/hm²)	肥料生产效率/(kg/kg)	利用效率/(kg/kg)	吸收效率/(kg/kg)	钾素收获指数
CK	74.7c	58.6	11.3d	8.9	41.5d	32.5	127.5d	—	575.7	—	0.33
K_{150}	77.3bc	48.9	16.4c	10.4	64.3c	40.7	158.0c	537.0	509.8	0.429	0.41
K_{300}	85.8ab	43.9	25.5b	13.0	84.2b	43.1	195.5b	284.5	436.6	0.281	0.43
K_{450}	94.3a	39.8	30.6a	12.9	112.1a	47.3	237.0a	205.9	390.9	0.249	0.47

当施钾量超过 300kg/hm² 时各处理与对照达到显著性差异水平，钾素积累的比例随着施钾量的增加而降低；在枯叶中，增施钾肥的处理中钾素的积累量比对照高出 45%～171%，当施钾量超过 150kg/hm² 时各处理与对照达到显著性差异水平，钾素积累的比例在 150～300kg/hm² 的范围内随着施钾量的增加而增加；在蔗茎中，增施钾肥的处理中钾素的积累量比对照高出 55%～171%，当施钾量超过 150kg/hm² 时各处理与对照达到显著性差异水平，钾素积累的比例随着施钾量的增加而增加；钾素在地上部的积累量随着施钾量的增加而显著增加，各施钾处理比对照高出 24%～86%。

三、讨论与结论

依照土壤养分的分级标准，本试验土壤的碱解氮处在中等水平（60～90mg/kg），有效磷处在缺乏水平（5～10mg/kg），速效钾处在中等水平（80～150mg/kg）。本研究表明，3 种肥料的增产效果钾最好、磷次之、氮最差，其原因可能在于甘蔗是喜钾作物，高产甘蔗钾肥的适宜用量为 450kg/hm² 左右，甘蔗对钾的需求比氮、磷的大，从本研究中分析甘蔗地上部氮、磷、钾营养元素的含量也证实了甘蔗对钾的吸收最多。磷和钾的增产效果明显优于氮，可能的原因是磷和钾都有促进氮吸收功能，钾和磷协同促进提高了氮肥的利用率从而使甘蔗增产。本研究中氮素高达 450mg/kg 时并未造成蔗糖分的下降，可能的原因是甘蔗生长周期长（1 年左右），甘蔗对氮素的相对过剩能够自身调节。钾是品质元素，可有效地改善甘蔗的品质，本研究中钾可以提高蔗糖分和降低纤维分也证实了钾对甘蔗的增糖有明显的效果。

氮、磷、钾都是移动性较大的营养元素，当植物氮、磷、钾缺乏时，植株中的营养元素会优先地转运供应给幼嫩的组织。本研究得出随着氮、磷、钾施用量的增加，梢头中氮、磷、钾积累的比例在降低，枯叶中氮、钾积累的比例在升高也证实了这一点。

第三节　不同海拔蔗区土壤中有机质、全氮含量和 pH 特征

　　云南是我国内陆热区面积最丰富的省份，据统计，云南热带、亚热带土地面积为 780 万 hm^2，年平均气温在 $18\sim24℃$，终年无霜或少霜，十分有利于甘蔗产业的发展。云南蔗区旱坡地甘蔗面积占 80%，蔗区生产条件较差，旱坡地甘蔗单产低，全省旱地甘蔗平均产量仅 $45t/hm^2$，蔗区广种薄收，抵抗灾害能力差。滇西南、滇南边疆少数民族地区是我国三大甘蔗优势产业带之一。2006—2014 年，全省甘蔗种植面积从 25 万 hm^2 增加到 35.77 万 hm^2（含境外种植面积 3.6 万 hm^2），临沧甘蔗种植面积为 11.93 万 hm^2，占全省甘蔗种植面积的 33.35%，在云南 8 个主产州（市）中排名第一（图 5-5）。蔗农科技意识薄弱，甘蔗生产管理粗放，科技推广应用程度低，极大地制约了甘蔗产业发展。云南甘蔗从海拔 700m 到 2 000m 都有种植，土壤中氮、有机质含量垂直变异明显，并有着比较典型的立体变化特征。在烤烟、水稻及杜鹃等植物上都有不同海拔高度与土壤各养分之间关系的研究，认为不同海拔高度对土壤养分含量有一定的影响。阿不都赛买提·乃合买提（2017）研究发现，海拔高度与土壤有机碳含量之间存在负显著相关关系（$r=-0.92$），有机碳含量随海拔高度的增加而降低。李相楹（2016）研究了贵州铜仁自然山地梵净山在不同海拔高度下有机质含量的变化，发现有机质含量随海拔的增加呈先增加后减少的趋势，受气候、生物和地形等因素的影响，变化趋势各异。为进一步了解蔗区不同海拔高度与土壤肥力之间的关系，课题组在云南甘蔗种植面积较大的临沧蔗区采集土壤样品，针对不同海拔高度蔗区土壤取样分析，以期揭示土壤营养元素的分布特征，为各海拔高度蔗区的土壤背景调查和生产施肥管理提供参考依据，而且对认识蔗区土壤养分垂直分布及其受海拔高度变化的影响具有一定实际意义。

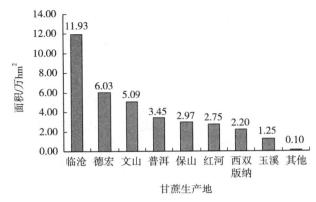

图 5-5　2014 年云南 8 个甘蔗主产地的甘蔗种植面积

一、土样分布区域

临沧位于云南的西南部，介于 $98°40'E\sim100°34'E$ 和 $23°05'N\sim$ $25°02'N$，是云南管辖的一个地级市，年平均气温 $17.2℃$，属于亚热带低纬度山地季风气候。临沧属横断山系怒山山脉的南延部分，地势中间高、四周低，并由东北向西南逐渐倾斜。境内最高点为海拔 3 429m 的永德大雪山，最低点为海拔 450m 的孟定清水河，相对高度差达 2 979m，垂直变化突出，雨量充沛，光照充足，2013 年平均气温为 $18.1℃$，平均日照长度为 2 552.6h，平均降水量为 1 158.2mm，平均相对湿度为 71%。

2010—2014 年，课题组对临沧甘蔗产区的沧源、双江、勐堆、南伞、华侨、勐永、耿马和晶鑫共 8 个甘蔗生产区域进行了土壤样品采样，以 500 亩（约 $33.3hm^2$）为单位取一混合样（共 1 740 个），每个取样点用 GPS 定位海拔和经纬度。

二、不同区域土壤中有机质、全氮含量及 pH 状况

如表 5-11，临沧甘蔗产区土壤中有机质含量平均为 25.6 g/kg，变幅为 0.3～79.1g/kg，变异系数为 41%，根据第二次全国土壤普

表5-11 土壤有机质含量、全氮含量和pH

区域	样本数/个	有机质含量			全氮含量			pH		
		均值±标准差/(g/kg)	变幅/(g/kg)	变异系数/%	均值±标准差/(g/kg)	变幅/(g/kg)	变异系数/%	均值±标准差	变幅	变异系数/%
晶鑫	131	22.7±8.2	5.7~47.4	36	0.093±0.031*	0.087~0.098	34	5.1±0.4	4.4~6.4	7
耿马	381	22.2±9.0**	0.3~57.9	41	0.138±0.035**	0.134~0.141	25	5.1±0.5	4.1~7.4	10
华侨	171	26.2±10.0	6.2~64.4	38	0.134±0.035	0.128~0.139	26	5.1±0.5**	4.1~7.4	10
勐永	185	24.5±9.8**	3.1~68.0	40	0.129±0.043**	0.123~0.135	34	5.5±0.8**	4.1~7.4	14
南伞	281	32.8±12.0**	5.7~78.0	37	0.153±0.049**	0.147~0.159	32	5.6±1.1	4.0~8.2	19
勐堆	200	27.1±9.9	6.9~62.2	37	0.142±0.040	0.136~0.148	28	5.8±1.0	4.0~8.6	17
双江	206	21.0±7.9	3.0~54.7	37	0.088±0.036*	0.083~0.093	41	4.8±0.6*	3.6~7.6	13
沧源	185	27.4±10.7**	1.1~79.1	39	0.042±0.042	0.036~0.048	101	5.7±0.6	4.3~6.9	10
临沧	1 740	25.6±10.5	0.3~79.1	41	0.120±0.052	0.117~0.122	44	5.3±0.8	3.6~8.6	15

注：**表示在0.01水平下差异极显著，*表示在0.05水平下差异显著。

查肥力标准的划分，平均值处于三级水平（20～30g/kg），适合甘蔗生产种植。本研究的 8 个甘蔗种植区域中，土壤有机质含量高低顺序为南伞＞沧源＞勐堆＞华侨＞勐永＞晶鑫＞耿马＞双江。各区域之间土壤有机质含量差异不显著，研究区域各产区间甘蔗重复种植及施肥情况基本一致。

研究区域临沧蔗区土壤全氮含量平均值为 0.12g/kg，变幅为 0.117～0.122g/kg，变异系数为 44％，土壤全氮含量高低顺序为南伞＞勐堆＞耿马＞华侨＞勐永＞晶鑫＞双江＞沧源。土壤 pH 平均值为 5.3，变幅为 3.6～8.6，变异系数为 15％，土壤 pH 高低顺序为勐堆＞沧源＞南伞＞勐永＞晶鑫、耿马、华侨＞双江。

土壤 pH 最低的区域双江，土壤有机质含量也最低，全氮含量也偏低；土壤 pH 最高的区域为勐堆，有机质和全氮含量在研究的 8 个区域中排列均靠前。经调查了解，在勐堆、南伞、华侨这些靠前的蔗区，常年使用酒精废液生产的有机肥浇灌甘蔗，使生产中带走的有机质得以还田；而双江只施用化学肥料，基本不施用有机肥，这可能是其有机质含量较低的主要原因。

三、不同海拔蔗区土壤中有机质含量

临沧蔗区海拔差异较大，甘蔗种植海拔最低为 756m、最高为 2 024m，种植面积最大即取样点最多的蔗地分布在海拔 1 000～1 199m，其次是海拔 1 200～1 399m 的蔗地。海拔显著影响土壤有机质含量；海拔高度的变化直接影响光、温、水、热等资源变化，使得局部小气候发生变化，最终影响土壤中有机质的积累和分解。一般海拔越高土壤温度越低、土壤湿度越大，越利于有机质的积累。分析表明，在研究区域临沧 756～2 024m 海拔范围内的蔗区，土壤有机质含量和海拔呈极显著相关关系（$\gamma = 0.156^{**}$，$P < 0.01$），土壤有机质含量随海拔升高先下降后升高，其中 1 000～1 099m 海拔处相关性极显著（表 5 - 12、图 5 - 6）。

表 5-12　土壤有机质含量、全氮含量、pH 与海拔的相关性分析

海拔/m	有机质含量	全氮含量	pH	样本数量/个
756～2 024	0.156**	0.035	0.011	1 740
＜800	−0.047	−0.208	0.098	6
800～899	−0.425	−0.408	−0.322	18
900～999	−0.034	−0.100	−0.105	134
1 000～1 099	−1.410**	−0.077	−0.099	337
1 100～1 199	0.040	0.005	−0.075	440
1 200～1 299	−0.029	−0.011	−0.054	277
1 300～1 399	0.100	0.044	0.092	207
1 400～1 499	−0.079	0.059	0.023	139
1 500～1 599	−0.015	0.054	−0.037	92
1 600～1 699	−0.072	−0.027	−0.104	60
1 700～1 799	0.079	0.066	−0.056	16
＞1 800	0.335	0.378	−0.240	14

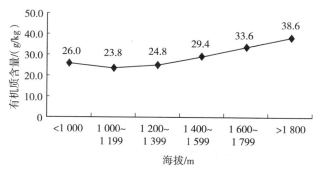

图 5-6　临沧蔗区不同海拔梯度下土壤有机质含量

四、不同海拔蔗区土壤中全氮含量

分析表明，在本文研究区域临沧 756～2 024m 海拔范围内的

蔗区中，土壤全氮含量和海拔无显著相关关系，见表 5 - 12。其中在 756～1 299m 海拔范围内，土壤全氮含量变化不大；在 1 300～2 024m 海拔范围内，土壤全氮含量由 1.14g/kg 增加到 1.86g/kg，土壤全氮含量随海拔升高而增加。由图 5 - 7 可知，在不同海拔高度下，全氮含量不同，其变化规律在研究的海拔区域内与有机质含量随海拔的升高呈递增趋势大致相同。

土壤全氮主要存在于土壤有机质中，有机质含量多少与供氮状况密切相关，有机质含量高的土壤保肥性、物理性状良好，土壤全氮含量也高，土壤全氮和有机质含量有一定的正相关关系。从图5 - 6、图 5 - 7 可以看出，海拔小于 800m 时，土壤有机质和全氮含量分别是 26.0g/kg 和 1.22g/kg，随海拔升高有增加趋势；当海拔大于1 800m 时，土壤有机质和全氮含量分别为 38.6g/kg 和 1.86 g/kg，土壤有机质和全氮两者的含量随海拔的升高而增加。

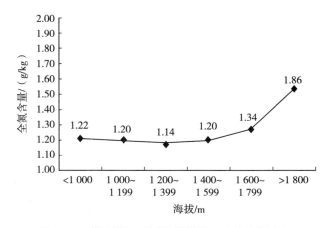

图 5 - 7 临沧蔗区不同海拔梯度下土壤全氮含量

五、不同海拔蔗区土壤 pH 变化

研究区域内土壤 pH 不随海拔升高而增加，和海拔无显著相关关系，平均值为 5.3，蔗区土壤偏酸性。从图 5 - 8 可看出，蔗区海拔低于 1 000m 的土壤 pH 平均为 5.9，高于 1 000～1 800m 的土壤 pH，主要原因是低海拔的蔗区分布在河流两岸，少数蔗区有水浇灌；而 1 000～1 800m 的蔗区无浇灌条件，蒸发量大，又由于长年施用化学肥料，加剧了土壤的酸化。

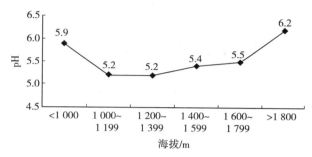

图 5-8　临沧蔗区不同海拔梯度下土壤 pH

六、讨论与结论

本文研究结果为蔗区土壤有机质含量与海拔高度呈极显著正相关关系（$\gamma=0.156^{**}$，$P<0.01$），在临沧 756～2 024m 海拔范围内的蔗区，土壤有机质含量随海拔升高先下降再升高，其中 1 000～1 099m 海拔高度的有机质含量相关极显著。而研究区域临沧 756～2 024m 海拔范围内全氮含量和 pH 与海拔高度无显著相关性，随海拔升高土壤有机质含量先下降再升高，与尚斌（2014）、付晶莹（2008）等对不同海拔影响土壤有机质含量的研究报道相似，山地垂直带海拔高度从高至低，耕地土壤中有机质及全氮含量呈现出由高至低的趋势。土壤全氮含量在研究区域临沧 756～1 299m 海拔范围内的蔗区不随海拔升高而增加，但在 1 300～2 024m 海拔范围内，土壤全氮含量随海拔升高而增加。紫外辐射增强，利于光饱和点高的喜光作物甘蔗生长和糖分积累，光照时数越多、强度越大，成熟越好、蔗糖分越高。但影响甘蔗产量和糖分的因素较多，且温度随海拔升高而下降，所以高海拔地区种植甘蔗产量不会太高。

临沧蔗区土壤酸化比较严重，pH 为 5.2～6.2，这可能与当地气候有关。云南蔗区地处高温高湿的热带亚热带气候带，风化淋溶强，土壤盐基离子淋失多，最终造成土壤普遍偏酸。土壤的酸化会导致含铝（Al）的原生和次生矿物风化速度加快，从而释放更多的铝离子，形成有利作物吸收的铝化合物，从而造成铝毒危害作物。土壤酸化还会使盐基饱和度降低，阳离子交换量下降，土壤矿物质营养元素流失，容易造成土壤有效磷的缺乏和磷素利用率降低，江永等（2001）研究表明如果蔗区土壤偏酸性，且土壤中铁、锰含量丰富，磷素较容易形成难溶的磷酸盐，造成土壤缺磷，而云南甘蔗主产区有效磷含量都低也充分说明了这一点。

甘蔗生长一年需要从土壤中带走大量营养物质，是高生物量作物。如果缺乏土壤养分，必将影响甘蔗高产，为持续保持甘蔗高产，应用推广测土配方施肥技术是很有必要的。土壤有机质是含碳的有机物质，是组成土壤固相的重要成分，同时也是评价土壤肥力的重要指标，它对环境保护和可持续发展有着极其重要的作用。土壤全氮主要存在于土壤有机质中，有机质含量多少与供氮状况密切相关，有机质含量高的土壤保肥性、物理性状良好。土壤有机质还对土壤结构、耕性等有重要影响。如果土壤有机质含量低，影响土壤养分的持续充足供给，不利于良好的土壤团粒结构形成，造成土壤的供肥保水保肥能力降低。云南同一地域耕地的海拔一般都相差较大，海拔高度直接影响着土壤温度、光照、水分及热量等方面，通过对蔗区土壤样品的检测，开展不同海拔高度下土壤全氮、有机质含量的垂直变异研究，对促进甘蔗生产具有重要意义。

第四节　不同施氮水平对甘蔗产量和品质的影响

甘蔗是我国食糖生产的主要原料作物，生育期内对肥水需求较大，其中氮是限制生长和形成产量的首要因素。首先氮是组成蛋白质和核酸的重要成分，也是组成植物叶绿素的成分，从而影响着甘蔗的光合作用；此外，氮还是酶的重要成分，所有代谢过程都有相应的酶参与，它直接影响植物的生化反应方向和速度。氮是甘蔗产量形成的矿质营养基础，提高甘蔗的氮素利用效率是甘蔗高产高糖的重要前提之一。甘蔗施氮量的研究表明，甘蔗产量在一定施氮量范围内随施氮量的增加而增加，每千克纯氮可增加蔗茎产量 70~250kg，但增产的效果并不随施肥量的增加而直线上升，当氮肥施用量增加到一定水平就会出现产量不再上升反而下降的趋势。

然而，长期以来，蔗区甘蔗施肥缺乏科学指导，偏施和过量施用氮肥使甘蔗施肥成本居高不下，严重影响施肥的增产效果。据研究，偏施氮肥使甘蔗成熟期延迟，薄壁细胞内可溶性胶体氮化物增多，蔗糖分下降，严重影响甘蔗的产量与品质。为进一步确定氮肥用量对甘蔗产量和品质的影响，本研究开展了不同施氮水平对甘蔗产量和品质影响的研究，以期为甘蔗合理施氮和科学施肥提供依据。

一、材料与方法

（一）供试材料

供试甘蔗品种为 ROC22，亲本为 ROC5×69-463，由台湾糖业公司育成。供试土壤采自云南开远，土壤类型为赤红壤，其基本理化性状：pH 5.90，有机质含量为 2g/kg，全氮含量为 5.7g/kg，全磷含量为 3.2g/kg，全钾含量为 9.10g/kg，碱解氮含量为 32.32mg/kg，有效磷含量为 2.02mg/kg，速效钾含量为 119.55mg/kg，有效锰含量为 14.98mg/kg，有效锌含量为 4.40mg/kg，有效铜含量为 0.68mg/kg。

（二）试验设计与实施

试验于 2008—2009 年在云南省农业科学院甘蔗研究所试验基

地内实施，共设 7 组处理，各处理每千克土壤中纯氮施用量为 0、75、150、225、300、375、450mg，分别用 N_0（CK）、N_{75}、N_{150}、N_{225}、N_{300}、N_{375}、N_{450} 表示，每处理均设 4 次重复。供试甘蔗于 2008 年 3 月 21 日种植，种植前对供试土壤进行晒干，敲碎混匀，在每个桶里装取 20kg 的土壤，同时每桶种下 4 个单芽苗的甘蔗，甘蔗种苗种植前进行温水脱毒处理。试验用黑色塑料桶（上缘直径为 38cm，底面直径为 28cm，高 30cm）。甘蔗种植时施一次尿素（含氮量为 46%），浇自来水让其自然生长，生长期间进行正常的病虫害防治。2009 年 2 月 16 日对甘蔗进行收获，从每桶收获的 4 株甘蔗原料茎中抽取一株用于甘蔗品质分析测定，具体参考《甘蔗蔗糖分和纤维分测定方法》（NY/T 1488—2007）。

二、结果与分析

（一）不同供氮水平下甘蔗产量和产量构成因素的测定结果

从表 5-13 可看出，在本试验中土壤肥力的条件下，施氮肥能显著提高甘蔗产量，表现在各施肥处理均比对照增产，其中增产最多的处理为 N_{75}，比对照增产 115.0%；增产最少的为 N_{150} 处理，也比对照增产 60.8%。

表 5-13　不同供氮水平下甘蔗产量和产量构成因素的测定结果

处理名称	茎径/cm	原料茎长/cm	产量/(kg/桶)
N_0	1.78c	122b	0.921b
N_{75}	2.36a	147a	1.980a
N_{150}	2.20ab	141a	1.481a
N_{225}	2.01ab	149a	1.524a
N_{300}	2.09ab	145a	1.505a
N_{375}	1.94bc	151a	1.544a
N_{450}	2.06ab	142a	1.564a

注：上表数据为 4 次重复的平均值，同一列中不同的小写字母表示在 0.05 水平下差异显著。

施氮对甘蔗产量构成的影响表现在，各施氮处理的茎径除 N_{375} 处理外均与对照达到显著差异水平，6 个施氮处理的茎径以 N_{75} 最大，比对照 N_0 高 32.58%；最小的是 N_{375} 处理，比对照高 8.99%。原料茎长施氮处理均和对照达到显著差异水平，但各施氮处理间差异不显著，6 个施氮处理的原料茎以 N_{375} 处理的最长，比对照增加 23.77%；N_{150} 处理的最短，比对照增加 15.57%。

以上研究结果表明，在一定的施肥范围内甘蔗产量随着施肥量的增加而增加，但超过一定的施肥量时甘蔗产量随着施肥量的增加不再增加甚至减产，说明氮肥的施用应该做到适量，过多的施肥只会造成肥料的浪费甚至减产，降低了肥料的利用效率。

（二）不同供氮水平下甘蔗品质的测定结果

由于白糖是甘蔗最终获得的产品，在产量一定的条件下，甘蔗品质的好坏直接关系到糖厂最终获得产品的数量和产生经济效益的高低。从表 5-14 可以看出，施用氮肥均有增加甘蔗出汁率和蔗糖分的作用。随着施氮量的增加，甘蔗纤维分除 N_{150} 处理升高外其余处理与对照相比均有降低的趋势。氮肥对蔗汁蔗糖分的影响表现在，$0 \sim 75 mg/kg$ 的施氮肥量使蔗糖分呈增加趋势，在 $75 \sim 450 mg/kg$ 的施氮量下蔗糖分有所降低。施肥对甘蔗简纯度和重力纯度的影响相似，特别是从重力纯度的变化可以看出，氮肥的施用有降低甘蔗重力纯度的趋势。对照和 N_{75} 处理的还原糖含量最低，其余施氮处理的还原糖的含量均比对照和 N_{75} 高，据此可以看出，过量地施用氮肥会增加甘蔗蔗汁中的还原糖，还原糖的增加代表蔗糖的转化，这对制糖的效益提高不利。

表 5-14　不同供氮水平下甘蔗品质的测定结果

处理名称	甘蔗/%				蔗汁/%			
	出汁率	蔗糖分	纤维分	锤度	蔗糖分	简纯度	重力纯度	还原糖分
N_0	62.44	15.13	12.59	21.55	18.66	86.72	86.59	0.31
N_{75}	68.51	16.92	10.00	22.54	19.49	86.83	86.47	0.33

（续）

处理名称	甘蔗/%				蔗汁/%			
	出汁率	蔗糖分	纤维分	锤度	蔗糖分	简纯度	重力纯度	还原糖分
N_{150}	64.10	15.50	13.00	21.85	18.57	84.96	84.99	0.66
N_{225}	64.34	15.39	11.86	21.45	18.13	84.64	84.52	0.52
N_{300}	65.48	15.05	12.56	21.95	17.68	85.17	80.55	0.39
N_{375}	64.83	15.44	12.03	22.37	18.10	79.85	80.91	0.63
N_{450}	65.23	16.58	12.27	22.64	17.95	86.58	86.35	0.47

注：品质分析测定时间为 2009 年 2 月 17 日。

三、讨论与结论

研究结果表明，适量地施用氮肥能够提高甘蔗的产量并改善甘蔗的品质，过多地施用氮肥不仅增产不明显甚至还导致甘蔗的品质下降。本研究还发现，氮肥的增产效果还与土壤的基础肥力有关，由于本试验的土壤十分贫瘠（土壤有机质、碱解氮、有效磷、速效钾含量极低），在只施用化肥而不施用有机肥的条件下增产不明显，这个现象与甘蔗生产上的情况相符，在云南蔗区普遍存在着土壤肥力贫瘠的红壤和赤红壤，由于长期不施用有机肥，多年的甘蔗种植造成土壤肥力的严重下降，当地蔗农经常大量或者过量施用化肥，但甘蔗的单产一般就是 45t/hm² 左右，增产不明显，施肥产生的经济效益也不明显，研究认为根本原因在于土壤基础肥力较差。

第五节　甘蔗轻简高效施肥对甘蔗生长发育的影响

长期以来，甘蔗生产上一般采用施足基肥、早施壮苗攻蘖肥、重施攻茎肥这种"少吃多餐"的多次施肥方式，以提高肥料利用率、减少养分流失，满足甘蔗各生长期对养分的需求，获取更高的甘蔗产量。常规施肥要求施肥次数多，在肥料施入土壤后，存在养分的淋失、挥发及土壤固定等损失。养分的损失增加了农业生产成本，加重了环境负荷。缓（控）释肥属于新型肥料，具有养分利用率高、有效供应期长等特点，在生产中可减少肥料用量与施肥次数。已在很多作物如番木瓜、黄瓜、小麦、水稻、棉花和辣椒等生产上进行了应用研究，是现代农业的发展方向之一。研究甘蔗专用缓（控）释配方肥的一次性施用对甘蔗产量和蔗糖分的影响，为缓（控）释配方肥在甘蔗生产上的推广应用提供了理论依据。

一、等价施肥对甘蔗产量和蔗糖分的影响

不同肥力水平下，不同肥料结构和施肥量对甘蔗农艺性状的影响见表 5-15。调查结果表明，FHF_{2250} 处理的甘蔗有效茎数最多，HSF_{2250} 处理次之。施肥处理的蔗糖分均高于对照。对甘蔗茎径进行调查，结果表明，2013 年 8 月、9 月甘蔗茎径均以 HSF_{2250} 最大，与对照不施肥处理间有显著差异。10 月调查表明，各施肥处理间甘蔗茎径均无显著差异，施肥处理均大于不施肥处理且以 HSF_{2250} 最大。

相同肥料间施用 2 250kg/hm² 肥料的甘蔗株高均高于施用 1 500kg/hm² 的甘蔗，施用绿宝缓（控）释肥示范试验表明，氮、磷、钾单施和施用普通复合肥相比，施用绿宝缓（控）释肥对甘蔗发株率、分蘖率、株高和茎径的影响与氮、磷、钾单施和施用普通复合肥相比无显著差异，且施用 2 250kg/hm² 绿宝缓（控）释肥的效果较施用 1 500kg/hm² 的更好。

施用 1 500kg/hm²、2 250kg/hm² 甘蔗缓（控）释肥（一次施肥）和施 2 250kg/hm² 普通复合施肥（二次施肥）的蔗糖分显著高于对照。在发株率、分蘖、株高、茎径无显著差异的情况下，施用同等价格的肥料，甘蔗配方缓（控）释肥一次施肥技术具有广阔的推广前景。

表 5-15 不同施肥对甘蔗农艺性状及产量、蔗糖分的影响

处理	发株率/%	分蘖率/%	株高/cm			茎径/cm			有效茎/(条/hm²)	理论产量/(t/hm²)	蔗糖分/%
			8月	9月	10月	8月	9月	10月			
CK	72.78	142.05	185.2b	216.92b	264.02	2.47b	2.50b	2.67	88 275c	130.70b	13.76bc
HSF$_{1500}$	79.26	147.64	198.00ab	237.14ab	278.40	2.58ab	2.61ab	2.69	98 820ab	156.09ab	14.12a
HSF$_{2250}$	75.28	159.63	205.30 a	245.38a	284.62	2.65a	2.70a	2.78	100 935a	174.51a	14.75a
NPK$_{1500}$	77.41	145.34	192.80ab	237.05ab	272.55	2.48ab	2.59ab	2.71	91 155bc	149.05ab	13.97b
NPK$_{2250}$	70.18	168.44	196.60 a	247.90a	273.00	2.59ab	2.63ab	2.71	94 710b	144.11ab	13.99 b
FHF$_{1500}$	78.98	144.74	199.67ab	236.81ab	277.65	2.55ab	2.62ab	2.69	94 830b	139.14ab	13.95b
FHF$_{2250}$	76.58	152.62	200.13ab	241.20ab	281.60	2.51ab	2.57ab	2.65	107 715a	154.77ab	14.69a

注：CK 代表对照（不施肥），HSF$_{1500}$ 代表一次基施 1 500kg/hm² 的新型缓（控）释肥，HSF$_{2250}$ 代表一次基施 2 250kg/hm² 的新型缓（控）释肥，NPK$_{1500}$ 代表同时施 1 500kg/hm² 的氮、磷、钾全素肥料，NPK$_{2250}$ 代表同时施 2 250kg/hm² 的氮、磷、钾全素肥料，FHF$_{1500}$ 代表施 1 500kg/hm² 的与新型缓（控）释肥相等价格的普通复合肥，FHF$_{2250}$ 代表施 2 250kg/hm² 的与新型缓（控）释肥相等价格的普通复合肥。表中数据后不同列数据示同列母表示不同小写字母表示在 0.05 水平下差异显著，下同。

二、等量和减量施缓（控）释肥对甘蔗产量和蔗糖分的影响

黄振瑞等（2015）通过连续 2 年不同地块的田间试验（表 5 - 16）分析得出，常规施肥处理 CK_1（一基两追）、等养分缓（控）释肥处理 T_1（一基一追）和减 20％养分缓（控）释肥处理 T_2（一基一追）3 个施肥处理的 2 年蔗茎产量及平均值均高于不施肥处理 CK_0。其中 T_1 处理 2 年蔗茎产量均显著高于 CK_1 处理，两年均值比 CK_1 提高 11.0％，说明等养分缓（控）释肥处理可以提高产量，而 T_2 处理蔗茎产量与 CK_1 处理相当，无显著差异，说明在减少肥料用量的同时通过缓（控）释技术仍然可以维持产量。甘蔗蔗糖分在各处理之间表现无显著差异。糖产量是蔗茎产量与甘蔗蔗糖分的乘积，2 年各施肥处理中糖产量均显著高于 CK_0；其中 T_1 处理最高，2 年均显著高于 CK_1，2 年平均值比 CK_1 高 1.26t/hm^2（10.8％），2013 年的 T_1 处理糖产量还显著高于 T_2 处理；而 T_2 2 年平均值高于 CK_1。

表 5 - 16 不同处理的蔗茎产量、甘蔗蔗糖分和糖产量

处理	蔗茎产量/（t/hm^2）			蔗糖分/％			糖产量/（t/hm^2）		
	2012 年	2013 年	平均值	2012 年	2013 年	平均值	2012 年	2013 年	平均值
CK_0	57.35c	55.64c	56.50	12.55a	12.53a	12.54	7.20c	6.97c	7.08
CK_1	93.58b	92.44b	93.01	12.45a	12.78a	12.62	11.65b	11.81b	11.73
T_1	103.17a	103.26a	103.22	12.52a	12.66a	12.59	12.92a	13.07a	12.99
T_2	97.48b	93.55b	95.52	12.58a	12.89a	12.74	12.26ab	12.06b	12.16

注：CK_0 代表不施肥；CK_1 代表常规施肥处理，一基两追（施尿素 652kg/hm^2、氯化钾 375kg/hm^2、过磷酸钙 1 406kg/hm^2，其中尿素基追比为 1∶2∶3、钾肥基追比为 1∶2∶2、磷肥全部作基肥）；T_1 代表等养分缓（控）释肥处理，一基一追［施缓（控）释肥 A（N∶P_2O_5∶K_2O＝12∶18∶12）1 125kg/hm^2（基肥）、缓（控）释肥 B（N∶P_2O_5∶K_2O＝24∶3∶12）750kg/hm^2（追肥）］；T_2 代表减 20％养分缓（控）释肥处理，一基一追［施缓（控）释肥 A 900kg/hm^2（基肥）、缓（控）释肥 B 600kg/hm^2（追肥）］。

三、缓（控）释肥对新植蔗生产效益的影响

李松等（2013）的研究结果表明（表 5 - 17），等养分含量施肥处理的甘蔗每公顷产值为 43 800 元，比常规对照的 39 295 元增加产出 4 505 元；但由于其肥料成本较高，因此，其每公顷经济纯收入只有 8 519 元，低于对照的 10 087 元，降低 15.54％。等价值施肥处理的甘蔗每公顷产值为 40 664 元，比常规对照增加产出 1 369 元；每公顷经济纯收入为 11 274 元，略高于对照，增加收入 1 187 元。且在所有试验点中，除驮卢糖厂试验点减收外，其余 7 个均表现出不同程度的增收。一次性施肥处理的甘蔗每公顷产值为 39 701 元，比常规对照增加产出 406 元；其生产成本低于对照，每公顷经济纯收入较高，达 14 838 元，比对照增加收入 4 751 元，增收率为 47.10％。

表 5 - 17　不同施肥处理对甘蔗产值、经济收入的影响

处理	地点	产值/（元/hm²）	成本/（元/hm²）			经济纯收入/（元/hm²）
			肥料	种植、中耕管理、收获	小计	
等养分	钦南	54 930	17 985	33 075	51 060	3 870
	西江农场	46 688	11 775	27 008	38 783	7 905
	环江	38 190	11 790	21 750	33 540	4 650
	田阳	31 950	17 400	14 775	32 175	−225
	宁明	55 705	11 400	18 225	29 625	26 080
	隆安	35 262	14 400	25 650	40 050	−4 788
	驮卢	52 590	7 785	15 540	23 325	29 265
	宜州	35 085	10 380	23 313	33 693	1 392
等价值	钦南	46 665	7 740	30 705	38 445	8 220
	西江农场	45 578	6 300	26 531	32 831	12 747
	环江	36 270	6 390	21 450	27 840	8 430
	田阳	31 305	13 200	14 775	27 975	3 330
	宁明	43 961	5 400	16 575	21 975	21 986

（续）

处理	地点	产值/(元/hm²)	成本/(元/hm²)			经济纯收入/(元/hm²)
			肥料	种植、中耕管理、收获	小计	
一次性	隆安	38 316	6 960	25 875	32 835	5 481
	驮卢	53 775	10 035	16 005	26 040	27 735
	宜州	29 445	5 550	21 630	27 180	2 265
	环江	49 155	6 000	21 930	27 930	21 225
	宁明	31 585	5 400	14 745	20 145	11 440
常规对照	隆安	32 238	6 960	24 825	31 785	453
	驮卢	45 825	6 000	13 590	19 590	26 235
	钦南	47 850	7 740	32 070	39 810	8 040
	西江农场	43 613	6 405	26 816	33 221	10 392
	环江	34 335	6 390	21 165	27 555	6 780
	田阳	29 175	13 200	14 775	27 975	1 200
	宁明	41 350	5 400	16 215	21 615	19 735
	隆安	32 988	6 960	24 900	31 860	1 128
	驮卢	55 665	7 665	16 710	24 375	31 290
	宜州	29 385	5 550	21 702	27 252	2 133
平均值	等养分	43 800aA	12 864	22 417	35 281aA	8 519dC
	比对照±	4 505	5 451	623	6 074	-1 568
	等价值	40 664bB	7 697	21 693	29 390bB	11 274bB
	比对照±	1 369	284	-101	182	1 187
	一次性	39 701cC	6 090	18 773	24 863cC	14 838aA
	比对照±	406	-1 324	-3 022	-4 345	4 751
	常规对照	39 295dD	7 414	21 794	29 208aA	10 087cBC

注：试验以蔗农习惯施肥量为对照，设科比斯肥（$N：P_2O_5：K_2O=17：6：12$，养分含量≥35%）等养分含量、等价值、一次性施肥 3 个处理；等养分含量、等价值施肥为以 750kg/hm² 的科比斯肥作基肥施用，其余肥料在追肥时施用，不施其他任何肥料；一次性施肥为在种蔗前将 1 500kg/hm² 的科比斯肥作基肥一次性施用，其余时间不施用任何肥料。

四、讨论与结论

游奕来等（2008）在甘蔗上进行缓（控）释肥料试验，发现普通肥料与缓（控）释肥相结合施用可达到省工、增产、增收的效果。王磊等（2010）采用大田试验与土壤中同步埋入肥包的方法，研究了不同缓（控）释尿素中氮素释放的特性及在甘蔗上的应用效果，与普通尿素相比，施用缓（控）释尿素能使甘蔗增产 5.00%～11.45%，氮素利用率提高 7.50%～8.23%。生产上应结合不同缓（控）释尿素的养分释放特性及甘蔗生长需肥特点，按一定比例配施混合包膜尿素，实现养分供求平衡，达到缓（控）释肥料减量、方便、高效的施用目的。周柳强等（2012）研究了不同生育期追施缓（控）释肥对甘蔗产量及效益的影响，以甘蔗常规施肥（基肥、分蘖肥、伸长肥）为对照，减少 1～2 次施肥次数，施肥总量不变，两个不同地点的试验结果表明，在分蘖至伸长期间追施一次缓（控）释肥料，既可保持一定量的有效茎数，又对甘蔗茎的伸长、增粗有利，还可获得较高的产量，人工费用低。刘逊忠等（2013）研究了氮肥配合有机、无机缓（控）释肥的不同施用方法对甘蔗产量、糖分含量及经济效益的影响，结果表明基肥追肥各半施肥法对提高甘蔗产量、蔗糖分、产糖量及经济效益效果最好。基肥追肥各半施肥法比一次性作基肥、一次性作追肥施肥法分别增产 8.4%、3.6%，蔗糖分分别提高 0.2%、0.1%，产糖量分别增加 9.8%、4.2%，净增经济效益分别为 9.9%、4.2%。建议甘蔗生产中应用推广基肥追肥各半施肥法。

综上所述，甘蔗配方缓（控）释肥一次施肥是可行的。施用与常规化肥等养分的缓（控）释肥能显著增加甘蔗产量及糖产量；减施 20% 养分的缓（控）释肥后的甘蔗产量和糖产量与常规施肥相当。一次性施用甘蔗缓（控）释肥能获得较好的种蔗效益。

第六节　甘蔗一次性施肥技术

目前，我国甘蔗主产区的习惯性施肥方法是：①甘蔗下种时每公顷施用 225～375kg 氮肥、300～750kg 磷肥、225～300kg 钾肥作为基肥，分蘖期每公顷施入 450～900kg 氮肥作为追肥，并进行中耕培土。②甘蔗下种时每公顷施用 150～225kg 氮肥、300～750kg 磷肥、150～225kg 钾肥作为基肥，出苗期每公顷施入 150～225kg 氮肥作为攻苗肥，分蘖期每公顷施入 150～225kg 氮肥作为攻蘖肥，拔节期每公顷施入 150～225kg 氮肥作为攻茎肥，成熟期每公顷施入 150～225kg 氮肥作为壮尾肥。

习惯性施肥为多次施肥，劳动强度大，费时费工，大多数蔗农只施肥不覆土，因此易造成肥料的大量流失，尤其是中耕施肥阶段多在雨季，以致肥料多数随雨水流失、挥发从而使得肥料利用率很低，甘蔗种植成本居高不下，同时也造成蔗区生态环境严重污染。传统的施肥方式已不适应现代甘蔗产业发展的需要。简化施肥技术、提高劳动生产率、提高肥料养分的利用率、降低施肥成本、减少农业化肥的用量、保护蔗区的生态环境是肥料工业可持续发展的方向。

本施肥技术主要是提供一种甘蔗简化施肥方法，采用这种施肥方法能够使甘蔗在其各个生长期快速、充分地获取所需的营养成分，可以提高肥料利用率、降低甘蔗种植成本、减少农业肥料的用量并减轻污染、提高甘蔗单产和品质。

本技术的目的可以通过以下方案来实现。在甘蔗下种开沟时，深开沟 30～40cm，然后以甘蔗专用缓（控）释肥作为基肥一次性施入甘蔗沟底，施肥量为 1 500～2 250kg/hm²，然后放入甘蔗种苗，盖土 10～15cm，以保障肥料在土中充分被吸收利用而不易被雨水冲刷，甘蔗生长时期不再追施肥料。

本技术中施用的肥料选用甘蔗专用高浓度缓（控）释肥、甘蔗专用中浓度缓（控）释肥、甘蔗专用长效缓（控）释肥之一。施肥方式为撒施。本发明的优点和效果是：①一次施入的缓（控）释肥料可提供甘蔗必需的大量营养元素氮、磷、钾；基肥与蔗种施入土壤后，可提供甘蔗整个生理期所需的养分。②肥料用量比传统施肥方法节省 15％～50％。③肥料利用率提高 10％～40％。④降低劳动力成本，有利于现代甘蔗产业的发展。

参 考 文 献

阿不都赛买提·乃合买提，艾克拜尔·伊拉洪，赛牙热木·哈力甫，2017.
伊犁昭苏草原黑钙土不同海拔高度土壤有机碳的垂直分布特征［J］. 新疆
农业科学，54（1）：156-164.

敖俊华，江永，黄振瑞，等，2011. 加强甘蔗养分管理，降低甘蔗生产成本
［J］. 广东农业科学，23：31-34.

陈杨，樊明寿，康文钦，等，2012. 内蒙古阴山丘陵地区马铃薯施肥现状与评
价［J］. 中国土壤与肥料（2）：104-108.

刀静梅，刘少春，张跃彬，等，2015. 耿马甘蔗种植区土壤速效养分状况分析
［J］. 中国农学通报，31（21）：194-198.

邓华礼，杨华，张锡辉，2014. 推广测土配方施肥，提高甘蔗生产效益［J］.
农业研究与应用（1）：69-71.

邓军，张跃彬，2015.2014 年云南甘蔗产业损害监测预警分析报告［J］. 中国
糖料，37（3）：65-67.

邓军，张跃彬，2016. 云南"十三五"甘蔗产业发展优势及思路［J］. 中国糖
料，38（2）：66-69.

邓绍同，1991. 现代甘蔗生产与科技［M］. 广州：广东科学技术出版社.

董彩霞，姜海波，赵静文，等，2012. 我国主要梨园施肥现状分［J］. 土壤，
44（5）：754-761.

付晶莹，朱晓芳，2008. 庐山不同海拔高度土壤养分含量分析［J］. 安徽农学
通报，14（15）：73-74.

甘仪梅，赵兴东，蔡文伟，等，2015. 不同海拔甘蔗蔗糖分的积累特征［J］.
热带生物学报，6（1）：65-68.

郭家文，刘少春，崔雄维，等，2010.25 年来两类植蔗土壤肥力演变及原因分
析——以云南陇川农场为例［J］. 土壤，42（2）：219-223.

郭家文，张跃彬，刘少春，等，2010. 云南甘蔗主产区土壤有机质和速效养分
分布研究［J］. 土壤通报，41（4）：872-876.

何国亚，1989. 甘蔗钾素营养生理［J］. 四川甘蔗（2）：30-31.

侯彦林，2000. "生态平衡施肥"的理论基础和技术体系［J］. 生态学报，20

（4）：653 - 659.

皇本连，杨清辉，2011. 甘蔗测土配方施肥的研究进展 [J]. 中国糖料（1）：
　　60 - 63.

黄婷，周冀衡，李强，等，2015. 不同海拔高度植烟土壤 pH 分布情况及其与
　　土壤养分的关系——以云南省曲靖市为例 [J]. 土壤通报，46（1）：
　　105 - 110.

黄振瑞，2015. 高产甘蔗养分需求规律及施肥调控研究 [D]. 北京：中国农
　　业大学.

黄振瑞，周文灵，江永，等，2015. 优化施肥对甘蔗产量、养分吸收及肥料利
　　用率的影响 [J]. 热带作物学报，36（9）：1568 - 1573.

贾志红，易建华，符建国，等，2011. 磷肥处理对烤烟生长生理及根系构型的
　　影响 [J]. 土壤，43（3）：388 - 391.

江永，2010. 降低甘蔗生产成本，提高我国甘蔗产业竞争力 [J]. 甘蔗糖业
　　（6）：44 - 50.

江永，黄忠兴，2001. 我国蔗区土壤主要养分的分析研究 [J]. 甘蔗糖业
　　（5）：5 - 10.

巨晓棠，谷保静，2014. 我国农田氮肥施用现状、问题及趋势 [J]. 植物营养
　　与肥料学报，20（4）：783 - 795.

康欧，李廷轩，余海英，等，2011. 小黑麦氮素吸收利用的基因型差异研究
　　[J]. 土壤，43（2）：190 - 196.

孔忠新，杨丽丽，张政值，等，2010. 小麦耐低磷基因型的筛选 [J]. 麦类作
　　物学报，30（4）：591 - 595.

李兰涛，郭荣发，2007. 我国甘蔗施肥技术现状与对策 [J]. 江西农业学报，
　　19（2）：19 - 20.

李如丹，张跃彬，杨丹彤，等，2012. 云南蔗区多样性地形发展甘蔗全程机械
　　化潜力研究 [J]. 中国农机化学报，4：71 - 74.

李珊，李启权，张浩，等，2016. 泸州植烟土壤有效态微量元素含量空间变异
　　及其影响因素 [J]. 土壤，48（6）：1215 - 1222.

李绍长，胡昌浩，龚江，等，2004. 供磷水平对不同磷效率玉米氮、钾素吸收
　　和分配的影响 [J]. 植物营养与肥料学报，10（3）：237 - 240.

李相楹，张维勇，高峰，等，2016. 不同海拔高度下梵净山土壤碳、氮、磷分
　　布特征 [J]. 水土保持研究，23（3）：20 - 24.

李银水，鲁剑巍，李小坤，等，2010. 湖北省棉花磷肥效应及推荐用量研究

［J］．土壤，42（2）：200-206.

李志，史宏志，刘国顺，等，2010．施氮量对皖南砂壤土烤烟碳氮代谢动态变化的影响［J］．土壤，42（1）：8-13.

练成燕，王兴祥，李奕林，2010．种植花生、施用尿素对红壤酸化作用及有机物料的改良效果［J］．土壤，42（5）：822-827.

梁涛，高兴仁，徐毅丹，等，2015．重庆2个区土壤养分状况与海拔高度关系分析［J］．南方农业，9（1）：28-30.

梁阗，杨尚东，谭宏伟，等，2019．一次性施用甘蔗专用缓释肥对甘蔗产量和蔗糖分的影响［J］．中国糖料，41（4）：11-17.

廖明坛，陈克云，1995．供N水平对甘蔗生产和产量的影响［J］．福建农业大学学报，24（2）：195-200.

林阿典，黄振瑞，敖俊华，等，2017．施钾和有机肥对甘蔗生长及土壤理化性状的影响［J］．甘蔗糖业（2）：20-24.

刘逊忠，黄健，黎彩凤，2013．有机无机缓控释肥不同施用方法对甘蔗的效应［J］．中国糖料（1）：18-19，22.

卢文洁，李文凤，黄应昆，等，2010．甘蔗温水脱毒种苗生产技术与增产效能［J］．中国糖料（3）：52-53.

鲁如坤，2000．土壤农业化学分析方法［M］．北京：中国农业科学技术出版社.

陆国盈，韩世健，杨培忠，等，2001．不同施氮量对新台糖16的产量和品质的影响［J］．广西蔗糖（4）：3-8.

陆景陵，2003．植物营养学（上册）［M］．2版.北京：中国农业大学出版社.

陆欣，2002．土壤肥料学［M］．北京：中国农业大学出版社.

路克国，朱树华，张连忠，2003．有机肥对土壤理化性质和红富士苹果果实品质的影响［J］．石河子大学学报（自然科学版），7（3）：205-208.

蒙世欢，2007．广西甘蔗施肥现状、问题及对策［J］．广西农学报，22（5）：37-39.

鹏飞，李宏，2014．云南甘蔗生产的区域比较优势分析［J］．经济研究导刊，1：89-90.

邱现奎，董元杰，万勇善，等，2010．不同施肥处理对土壤养分含量及土壤酶活性的影响［J］．土壤，42（2）：249-255.

饶世刚，丁春华，孙祥厚，等，2014．甘蔗最佳优化施肥田间试验初报［J］

中国糖料（4）：19-23.

尚斌，邹焱，徐宜民，等，2014. 贵州中部山区植烟土壤有机质含量与海拔和成土母质之间的关系 ［J］. 土壤，46（3）：446-451.

沈有信，邓纯章，1998. 氮磷钾肥对甘蔗产量和含糖量的影响 ［J］. 云南农业大学学报，13（2）：214-218.

石丽红，纪雄辉，李永华，等，2011. 施氮量和时期运筹对超级杂交稻植株氮含量与籽粒产量的影响研究 ［J］. 土壤，43（4）：534-541.

苏天明，李杨瑞，莫艳兰，等，2009. 甘蔗酒精废液对甘蔗农艺性状的影响机理研究 ［J］. 土壤通报，40（2）：276-278.

苏天明，李杨瑞，韦广泼，等，2009. 甘蔗酒精废液对土壤理化性状及氧化还原酶的影响 ［J］. 中国生态农业学报，17（6）：1106-1110.

孙清斌，董晓英，沈仁芳，2009. 施用磷、钙对红壤上胡枝子生长和矿质元素含量的影响 ［J］. 土壤，41（2）：206-211.

同延安，赵营，赵护兵，等，2007. 施氮量对冬小麦氮素吸收、转运及产量的影响 ［J］. 植物营养与肥料学报，13（1）：64-69.

王晶，何忠俊，王立东，等，2010. 高黎贡山土壤腐殖质特性与团聚体数量特征研究 ［J］. 土壤学报，47（4）：723-733.

王磊，周柳强，谢如林，等，2010. 不同控释尿素的氮素释放特性及在甘蔗上的应用研究 ［J］. 广西农业科学，41（4）：345-348.

王龙，何家萍，刘少春，等，2009. 云南陇川农场甘蔗测土配方施肥效应 ［J］. 中国糖料（4）：32-37.

王宁，李九玉，徐仁扣，2007. 土壤酸化及酸性土壤的改良和管理 ［J］. 安徽农学通报，13（23）：48-51.

王圣瑞，马文奇，徐文华，等，2003. 陕西省小麦施肥现状与评价研究 ［J］. 干旱地区农业研究，23（1）：31-37.

王小英，同延安，刘芬，等，2013a. 陕西省马铃薯施肥状况评价 ［J］. 植物营养与肥料学报，19（2）：471-479.

王小英，同延安，刘芬，等，2013b. 陕西省苹果施肥状况评价 ［J］. 植物营养与肥料学报，19（1）：206-213.

韦剑锋，韦冬萍，陈超君，等，2012. 施氮水平对甘蔗氮素吸收与利用的影响 ［J］. 核农学报，26（3）：609-614.

魏孝荣，邵明安，高建伦，2008. 黄土高原沟壑区小流域土壤有机碳与环境因素的关系 ［J］. 环境科学，29（10）：2879-2884.

肖巧琳，罗建新，杨琼，2011. 烟稻轮作中稻草还田对土壤有机氮各组分的影响［J］. 土壤，43（2）：167 - 173.

邢颖，江泽普，谭裕模，等，2015. 赤红壤区氮钾肥用量对不同品系甘蔗生长的影响［J］. 甘蔗糖业（2）：1 - 14.

许海港，季萌萌，葛顺峰，等，2015. 不同水平位置施肥对'嘎啦'苹果 [15] N 吸收、分配与利用的影响［J］. 植物营养与肥料学报，21（5）：1366 - 1372.

薛利红，覃夏，李刚华，等，2010. 基蘖肥氮不同比例对直播早稻群体动态、氮素吸收利用及产量形成的影响［J］. 土壤，42（5）：815 - 821.

颜景辰，雷海章，2005. 世界生态农业的发展趋势和启示［J］. 世界农业（1）：7 - 10.

杨永胜，2009. 供氮水平对玉米生长性状及产量的影响［J］. 河北农业科学，13（6）：42 - 43.

叶利庭，吕华军，宋文静，等，2011. 不同氮效率水稻生育后期氮代谢酶活性的变化特征［J］. 土壤学报，48（1）：132 - 140.

殷红慧，许龙，冯坤，等，2015. 文山植烟土壤有机质和氮含量的研究［J］. 云南农业大学学报，30（6）：902 - 908.

游奕来，甘道建，周柏权，等，2008. 控释肥料在甘蔗生产上的应用效果研究［J］. 广东农业科学（6）：18 - 19.

袁启凤，解璞，黄静，等，2013. 云南不同海拔高度对杜鹃土壤酶活性与土壤养分的影响［J］. 热带作物学报，34（12）：2363 - 2367.

翟精武，续勇波，2012. 元阳梯田土壤碳氮的垂直分布特性［J］. 云南农业大学学报，27（5）：763 - 769.

张立新，耿增超，张朝阳，等，2003. 韩城市花椒园土壤养分状况及施肥研究［J］. 干旱地区农业研究，21（4）：65 - 67.

张跃彬，2004. 云南双高甘蔗标准化综合技术［M］. 昆明：云南科学技术出版社.

张跃彬，2011. 中国甘蔗产业发展技术［M］. 北京：中国农业出版社.

张跃彬，2013. 现代甘蔗糖业［M］. 北京：科学出版社.

张跃彬，2016. 低纬高原甘蔗高产高糖高效理论及实践［M］. 北京：中国农业出版社.

张跃彬，刘少春，黄应昆，2006. 云南蔗区自然气候特点与生态区划［J］. 中国糖料（4）：38 - 40.

赵俊晔，于振文，2006. 高产条件下施氮量对冬小麦氮素吸收分配利用的影响［J］. 作物学报，32（4）：484-490.

赵佐平，2015. 秦巴山区主要农作物肥料投入现状评估分析［J］. 中国农业大学学报，20（4）：127-133.

周柳强，黄金生，黄美福，等，2012. 不同生育期追施控释肥料对甘蔗产量及效益的影响［J］. 磷肥与复肥，27（2）：77-78.

周文灵，江永，李奇伟，等，2011. 甘蔗蔗糖积累的规律、影响因素及其调控机制的研究进展［J］. 甘蔗糖业（6）：11-17.

周修冲，刘国坚，PORTCH S，等，1998. 高产甘蔗营养特性及钾、硫、镁肥效应研究［J］. 土壤肥料（3）：26-28.

CASTRO S G Q D, DECARO S T, MAGALHAES P S G, et al., 2017. Best practices of nitrogen fertilization management for sugarcane under green cane trash blanket in Brazil［J］. Sugar Tech, 19（1）：51-56.

ELSAYED T M, BABIKE H M, ELTAYEB M, et al., 2014. Residual and cumulative effects of filter mud applications on sugarcane production and on soil chemical properties［J］. Journal of Agricultural and Veterinary Sciences, 15（1）：95-103.

FRANCO H C J, OTTO R, VITTI A C, et al., 2015. Residual recovery and yield performance of nitrogen fertilizer applied at sugarcane planting［J］. Scientia Agricola, 72（6）：528-534.

ITHAWI B A L, DEIBERT E J, OLSON R A, 1980. Applied N and moisture level effects on yield, depth of root activity, and nutrient uptake by soybeans［J］. Agronomy Journal, 72（5）：827-832.

SRIVASTAVA A C, 2002. Energy savings through reduced tillage and trash mulching in sugarcane production［J］. Applied Engineering in Agriculture, 19（1）：13-18.

SU W, LIU B, LIU X, et al., 2015. Effect of depth of fertilizer banded - placement on growth, nutrient uptake and yield of oilseed rape（*Brassica napus* L.）［J］. European Journal of Agronomy, 62（62）：38-45.

第六章

甘蔗全膜覆盖栽培技术

我国蔗区冬春低温、少雨干旱，致使甘蔗萌发率低、出苗少，严重影响了甘蔗产量。为解决我国蔗区冬春季节低温干旱问题，20世纪80年代，我国蔗区开始推广地膜覆盖技术，甘蔗地膜由于其显著的增温保温效果，保证了甘蔗萌发出苗，极大地提高了甘蔗产量，成为我国甘蔗栽培的关键技术。但是，近年来，随着我国蔗区劳动力转移，甘蔗主产区用工成本不断增加，传统的甘蔗地膜覆盖保温保墒效果差、甘蔗产量低，已成为我国甘蔗发展的主要限制因子。因此，本课题组以轻简高效为目标，从水这个关键因子出发，研究开发了甘蔗功能地膜和全膜覆盖保水技术，降低了甘蔗生产成本，促进了甘蔗产业的提质发展。

第一节　旱地甘蔗栽培地的不同类型土壤各耕层的水分特征常数

——以开远、元江为例

云南大部分甘蔗种植在旱坡地上，灌溉基础设施薄弱，绝大多数甘蔗生产靠天降雨，产量不高，土壤水分是制约甘蔗生产力的一个重要因素。在干旱和半干旱地区，土壤水分常数是研究干旱指标、农田灌溉、土壤水分平衡计算的重要参数之一。在当前全球水资源短缺及气候变化的背景下，节水农业、节水灌溉和抗旱栽培成为全球农业发展的方向，因此，土壤水分常数的测定和研究成为节水农业研究的重要前提。中国主要的糖料作物是甘蔗，云南是甘蔗种植面积第二的生产蔗区，大部分为旱坡地，研究土壤的水分及基本特征等影响因子对指导生产和研究有重要意义。研究云南境内开远、元江的不同气候类型旱地甘蔗栽培地的土壤物理结构和土壤水分常数，为两地的节水灌溉和选育不同气候生态类型的甘蔗品种提供了土壤基础依据。

一、开远、元江的气候条件

（一）开远的气候条件

开远属亚热带高原季风气候，由于其低纬度、高海拔的地理位置和季风活动的影响，气候特点表现为夏长无冬、秋春相连、日温差大、年温差小、干湿季分明、常年多干旱、立体气候典型。境内在海拔 900～2 500m 地区，年平均气温为 10.9～20.4℃，温差达 9.5℃。极端最高气温为 24.9～38.2℃，极端最低气温为 −6.4～−2.4℃。全市年平均气温比较稳定，年际变化甚微，气温年际差为 1.5℃，年平均气温距平值仅±3℃。年降水量为 700mm，雨季集中于 5—10 月，雨热同期而无酷暑，年均气温为 19.8℃，年日照 2 200h，全年无霜期为 340d。

（二）元江的气候条件

元江地处低纬度高原，属季风气候，地理坐标为 101°39′E～102°22′E、23°18′N～23°55′N。冬半年、夏半年各受两种不同的大气环流影响，冬半年（即干季 11 月—翌年 4 月）受北非及印度北部的大陆干暖气流和北方南下的干冷气流影响，空气干燥温暖，降水量少，蒸发快，晴天多，日照充足；夏半年（即雨季 5—10 月）受印度洋西南的暖湿气流和太平洋的东南暖湿气流的影响，空气湿度大，降水量多，多阴寡照，形成了冬暖夏热、冬春干旱风大、夏秋多雨湿润、干湿季明显、雨热同季的气候。县境内各地年平均气温为 12～24℃，最冷月平均气温为 7～17℃，最热月平均气温为 16～29℃，极端最低气温为 −0.1～7℃，极端最高气温为 28～42.5℃，大于等于 10℃ 的年积温为 4 000～8 700℃。无霜期为 200～364d，年平均降水量为 770～2 400mm，雨季平均于 5 月 16 日开始，

10月22日终止。

二、土壤水分常数的测定方法

（一）土壤取样方法

2013年11月4日、6日分别在云南的开远、元江两地的山区旱地甘蔗地采土样，两地都分别采4个点（4次重复）。每个采样点按设计剖面一次性挖到1m深度，分别在0～20cm、20～40cm、40～60cm、60～80cm、80～100cm各层用直径50mm、高为50mm的不锈钢环刀采集土壤样品，采样前将地表的植被从地面去掉，用环刀取土壤样品带回室内称重，测定土壤水分常数。同时，各层取土样各1kg，带回实验室风干，测定土壤有机质、pH、碱解氮、有效磷、速效钾、全氮、全磷、全钾、土壤凋萎系数。

（二）土壤水分常数的测定和计算方法

各指标测定方法的依据：①水分测定参考（NY/T 52—1987）《土壤水分测定法》。②土壤容重测定参考（NY/T 1121.4—2006）《土壤检测　第4部分：土壤容重的测定》。③田间持水量测定（环刀法）参考（NY/T 1121.22—2010）《土壤检测　第22部分：土壤田间持水量的测定——环刀法》。④最大吸湿量测定参考（LY/T 1216—1999）《森林土壤最大吸湿量的测定》。⑤最大有效含水量＝土壤最大持水量－土壤凋萎系数。⑥土壤凋萎系数＝吸湿系数×1.5。⑦有机质测定参考（NY/T 1121.6—2006）《土壤检测　第6部分：土壤有机质的测定》；pH测定参考（NY/T 1377—2007）《土壤pH的测定》；碱解氮检测参考（LY/T 1229—1999）《森林土壤水解性氮的测定》；有效磷测定参考（NY/T 1121.7—2006）《土壤检测　第7部分：酸性土壤有效磷的测定》；速效钾测定参考（NY/T 889—2004）《土壤速效钾和缓效钾含量的测定》；全氮测定参考（NY/T 53—1987）《土壤全氮测定法（半微量凯氏法）》；全磷测定参考（NY/T 88—1988）《土壤全磷测定法》；全钾测定参考（NY/T 87—1988）《土壤全钾测定法》。

1. 室内环刀法测定最大持水量

在选定的地块用环刀采取原状土样带回室内，放在白搪瓷盘中并向盘内注水，摇至饱和，把装有土的环刀连同滤纸放在装有干土的环刀上使其吸水，待环刀内原状土壤的水分达到最大毛管悬着水时，相应土壤含水量即为该土壤田间持水量。

（1）取样。把环刀（刀口向下）平稳地压入相应的土层，待土柱冒出环刀上端后，用小铁铲轻轻挖开周围土壤，取出环刀，用削土刀从环刀中间向外缘拓展，慢慢削去多余的土壤，使环刀内土壤的体积恰好等于环刀的容积，擦去环刀外侧的泥土，在环刀刀口一侧垫上定性滤纸，然后盖好底盖和顶盖，每层土样取4个重复，同时在该土层采土。

（2）淹水。将装有原状土的环刀放在白搪瓷盘内，有孔的底盖朝下，缓慢地向盘内注水，水面高度到距离环刀上1～2mm处时即停止加水，让其充分吸水24h。

（3）风干过筛。将采集的同层土样风干，用木锤打磨细后，过1mm筛孔，装入环刀中，装时注意轻拍击实，稍微装满一些。

（4）吸水。将已经饱和的装有湿土的环刀底盖打开，环刀连同滤纸放在装满干土的环刀上，并加压一小块压砖，使其上下紧密接触。

（5）取土测定含水量。8h后，从原状土的环刀内取土约30g，置于铝盒中，称重烘干，其土壤含水量即为该土壤最大持水量。

2. 土壤凋萎系数

土壤凋萎系数＝吸湿系数×1.5。吸湿系数的测定方法为10%硫酸溶液水气平衡吸附法。具体方法：把通过1mm筛孔的5～10g风干土样平铺在已称重的铝盒中，将铝盒置于有10%硫酸干燥器的白瓷板上，加盖密闭并放在温度恒定的地方。每2～3d用精度为0.1mg的电子天平称重。重复多次，直到2次的重量差不超过0.005 0g。然后用烘干称重法测得土壤的含水量，从而测得土壤的吸湿系数。

三、土壤水分常数的特征

一般都认为田间持水量是土壤所能保持悬着水的最大量，是研究土壤水分的重要参数之一。开远和元江的土壤田间持水量见表6-1，开远的田间持水量平均值为285g/kg，最小的为80～100cm土层，最大的为0～20cm土层。元江的田间持水量平均值为204g/kg，最小的为40～60cm土层，最大的为0～20cm土层。开远0～20cm土层与60～80cm、80～100cm土层的田间持水量差异显著。元江0～20cm土层与40～60cm土层的田间持水量差异显著，其他土层间的田间持水量差异不显著。两地土壤田间持水量最大值出现在0～20cm土层，随土层深度的增加总体呈减小趋势。这是由于上层受耕作和甘蔗根系影响，保水和蓄水能力较下层要强，土壤质地较好。

表6-1 开远、元江的土壤水分特征

地点	土层深度/cm	干基含水量/%	容重/(g/cm³)	田间持水量/(g/kg)	土壤最大吸湿量/%	凋萎系数/%	最大有效含水量/%
开远	0～20	24.48a	1.02a	295.06b	12.82a	19.22a	10.28a
	20～40	27.26ab	1.29b	287.12ab	11.75a	17.62a	11.09a
	40～60	27.77b	1.45c	283.68ab	12.44a	18.66a	9.71a
	60～80	27.18ab	1.41c	280.48a	12.42a	18.64a	9.41a
	80～100	26.19ab	1.41c	276.82a	13.11a	19.66a	8.03a
元江	0～20	18.08a	1.35a	234.11b	8.65a	12.98a	10.43b
	20～40	21.14a	1.66ab	211.86ab	7.65a	11.48a	9.70ab
	40～60	19.49a	1.66b	186.55a	7.88a	11.83a	6.83ab
	60～80	20.11a	1.64b	193.57ab	9.25a	13.88a	5.49b
	80～100	20.43a	1.58ab	194.04ab	9.34a	14.02a	5.39b

注：同一列不同的小写字母表示在0.05水平下差异显著。下同。

　　干基含水量、土壤最大吸湿量和凋萎系数随着土层深度的增加而呈增加趋势，而土壤最大有效含水量随着土层深度的增加而呈减少趋势。作物因无法从土壤中吸取水分，出现永久凋萎，刚出现这种现象时的土壤含水量称为凋萎系数。凋萎系数是土壤水对作物生长有效部分与无效部分的分界点，常作为土壤中有效含水量的下限。土壤中毛管悬着水达到最大值时的土壤含水量，在不受地下水影响时，土壤也能保持水分的最大值，为吸湿水、薄膜水和毛管悬着水的总和，为土壤中有效水量的上限，常作为灌水定额计算的依据。在水文计算产流时，当土壤含水量超过田间持水量时，即以重力水流出，成为径流，其值的大小取决于土壤性质、结构及密实度等，一般需在现场测定，且随耕作、施肥等措施而变化。

四、土壤容重

开远旱地甘蔗栽培地的土壤 $0\sim100cm$ 内各土层的平均容重为 $1.02\sim1.41g/cm^3$，元江的平均容重为 $1.35\sim1.66g/cm^3$，容重随深度增加而增大（表 6-1）。方差分析表明，开远和元江两地的 $0\sim20cm$ 土层与 20cm 以上深度的土壤容重差异显著；40cm 以上深度土壤之间的差异不显著。相同土层的土壤开远比元江透气性好。土壤容重是土壤的基本物理性质，容重大小反映土壤结构、透气性、透水性能好坏以及保水能力的强弱，土壤容重越小说明土壤结构、透气性能越好。开远和元江两地从表层到深层土壤容重呈增加趋势，土壤层次越深，容重越大，透气性越差。耿韧等（2014）、曹文侠等（2011）研究发现由于下部侵蚀作用增强，沉积作用减弱，造成土壤容重的增加。因受生物和人类活动的影响，表层土壤容重可能存在空间变异，雷志栋等（1985）、郑纪勇等（2004）、姚荣江等（2006）学者已经对坡面、流域和区域的土壤容重空间变异进行了大量的研究，但对甘蔗表层土壤的容重空间变异的研究尚未见报道。本研究发现开远蔗区各相同耕层的容重均比元江小，说明开远旱地甘蔗栽培地的土壤结构、透气性能比元江好。

五、土壤养分

从表 6 - 2 可知，开远旱地甘蔗栽培地土壤的 pH 平均为 6.26，偏酸性；元江旱地甘蔗栽培地土壤的 pH 平均为 7.17，近中性。开远旱地甘蔗栽培地土壤的平均有机质、有效磷、速效钾含量分别比元江低 7.40g/kg、21.91mg/kg、107.5mg/kg，碱解氮含量比元江高 26.5mg/kg。据靳宝初（1984）报道，土壤有机质含量与最大吸湿量间无相关关系，有机质含量多少对最大吸湿量无影响。蔗区土壤中 pH 和养分是决定甘蔗生长优劣的关键因素，因此，蔗区 pH 和养分一直是甘蔗研究的重点。本研究结果和毛云玲（2011）的研究结果一致，土壤 pH 低的土壤中有效磷、速效钾也明显偏低。这种趋势在其他作物的研究结果上也有相同报道，张小琴（2015）、周国兰（2009）、赵华富（2012）等分别对茶区进行抽样调查，结果表明，被调查茶区土壤平均 pH 为 4.60，普遍存在缺磷和缺钾现象。

表 6 - 2　开远、元江土壤养分检测结果

地点及土层深度	有机质含量/（g/kg）	pH	碱解氮含量/（mg/kg）	有效磷含量/（mg/kg）	速效钾含量/（mg/kg）	全氮含量/%	全磷含量/%	全钾含量/%
开远 0～20cm	12.27	6.38	92	8.15	123	0.107	0.056	2.275
开远 20～40cm	12.87	6.14	99	6.92	111	0.112	0.060	2.399
元江 0～20cm	21.56	7.03	68	32.96	240	0.117	0.109	2.624
元江 20～40cm	18.37	7.31	70	25.93	209	0.098	0.087	2.651

六、讨论与结论

研究土壤水分常数和土壤物理结构是研究农业耕作制度、防御作物干旱和土壤干旱的重要措施，特别是研究有效、合理的灌溉管

理技术并提供重要依据，在当今区域水资源短缺、全球气候变化背景下，研究土壤水分常数对现代节水农业具有重要现实意义。土壤容重可作为判断土壤熟化程度、土壤状况与土壤肥力的重要指标之一，若容重大，则土壤孔隙小，透气和透水性差，影响水分的移动和渗透；若土壤容重小，则孔隙度大，土壤保水能力不好，养分易损失。土壤田间持水量被认为是土壤所能稳定保持的最大土壤含水量，也是土壤中能保持悬着水的最大量。

通过研究开远和元江两地旱地甘蔗种植区的土壤田间持水量，发现两地的田间持水量最大层都为 0～20cm 土层，随土层深度的增加呈减小趋势。可能原因是上层受耕作和甘蔗根系影响，保水和蓄水能力较下层要强，土壤质地较好。两地从表层到深层土壤容重呈增加趋势，土壤层次越深，容重越大，透气性越差。

甘蔗有效茎数和单茎重是构成产量的重要指标，在大田生产中苗期甘蔗芽萌发率的高低对甘蔗最终产量的形成影响较大，主茎占70％～90％，主茎占的比例越高出苗率越高，为高产打下很好的基础。据谢金兰等（2010）的研究，甘蔗出苗时如果土壤水分含量太高，会导致土壤温度低，造成氧气不足，会影响萌芽，严重的会腐烂不出苗；如果土壤水分含量太低，当相对含水量低于50％时，多数苗不长根，抗旱力弱，干枯而死。合适的土壤水分和温度促进出苗率的提高，是保证高产的前提因素。

陈祯研究（2010）发现随着土壤容重增加，其饱和含水量、重力水含量、有效水含量减少，其凋萎含水量、无效水含量增加；其饱和导水率减小，非饱和导水率增加；同时土壤容重变化影响土壤水分运动参数的表述、土壤水分运动方程的应用以及土壤水分检测及其结果的应用。随着土壤含水量变化，会引起土壤容重变化；且不同土壤其容重都会影响土壤中体积含水量、水分类型、水分利用与水分运动的变化以及土壤水分的检测。徐友信等（2009）的研究结果表明，0～5cm、10～20cm 土层的土壤容重属于中等变异性，其余土层的土壤容重属于弱变异性。魏胜利（2005）认为可以针对近年来不断加剧的旱情，分析土壤结构及各种水分常数，通过测定田间持水量来推断出毛管断裂含水量，并和实测的土壤含水量加以比较，确定有无旱情发生。赵秀兰（2001）依据黑龙江的30多个农业气象试验站多年的土壤水分常数资料，综合分析了凋萎湿度、田间持水量、土壤容重的空间变化特征，为进一步客观评价全省土壤水分盈亏状况及进行土壤水分分区奠定了基础。方文松等（2005）通过土壤墒情数据库资料，找出了不同土壤类型的墒情变化规律，土壤有效水分含量分析表明，壤土最大，黏土次之，砂土最小；土壤墒情受地下水影响较大，地下水位较浅的地区不容易出现干旱。根据土壤墒情资料确定了土壤墒情订正系数和不同土壤类型的田间持水量在全省的分布，并将其应用到墒情预报模型中。观测土壤含水量，积累资料，通过田间持水量的测定来定量分析近年来的旱情情况，研究旱情与研究各蔗区养分分布特征同样重要，准确地掌握干旱程度和蔗区养分状况，提出适合蔗区生产的栽培种植方案，有利于甘蔗高产、高糖生产。

第二节　地膜不同覆盖方式对旱地甘蔗性状及土壤温湿度的影响

土壤水分是制约甘蔗生产力的一个重要因素。旱地甘蔗地膜全覆盖处理后，土壤温度和水分比不盖膜处理的高，为甘蔗出苗提供了有利条件，甘蔗出苗率提高，最终甘蔗产量提高。郑旭荣等（2000）、杜守宇等（2002）、龙瑞平等（2011）和余美等（2011）的研究表明，在马铃薯、棉花和小麦上应用地膜覆盖增产效果显著，但甘蔗方面的研究报道较少，旱地甘蔗覆盖地膜是一项抗旱保水的增产措施，正于云南蔗区进行推广应用。因此，研究地膜覆盖的栽培技术措施对解决旱地甘蔗出苗期土壤水分问题、提高出苗率和增加单产具有重要意义。

一、地膜不同覆盖方式对甘蔗产量的影响

从表6-3可知，地膜全覆盖处理的甘蔗产量分别比半膜覆盖

和不盖膜处理高 110.9％和 263.1％，地膜全覆盖处理显著增产于半膜覆盖和不盖膜的处理；半膜覆盖和不盖膜处理间差异不显著。

表 6-3　不同覆膜方式的甘蔗产量性状

处理	茎径/ cm	株高/ cm	单茎重/ (kg/条)	有效茎数/ (条/hm²)	实收产量/ (t/hm²)	蔗糖分/ ％
地膜全覆盖	2.69a	153a	0.76a	115 230c	87.21b	13.40a
半膜覆盖	2.71a	140a	0.63a	65 865b	41.36a	13.02a
不盖膜	2.60a	128a	0.60a	40 020a	24.02a	13.85a

有效茎数是甘蔗产量构成因素的重要指标，本试验结果中有效茎数量由高到低依次为地膜全覆盖、半膜覆盖、不盖膜处理；蔗糖分各处理间差异不显著，不盖膜处理略高；茎径、株高和单茎重在不同处理间差异不显著。旱地甘蔗地膜全覆盖处理后，土壤温度和水分含量比不盖膜处理的高，为甘蔗出苗提供了有利条件，甘蔗出苗率提高，最终甘蔗产量增加。

二、地膜不同覆盖方式对 20cm 深度土壤温度的影响

由表 6-4 看出，不同处理中，3—6 月 20cm 深度的土壤温度整体上以地膜全覆盖处理最高，其次是半膜覆盖，最低的是对照即不盖膜处理。地膜全覆盖处理后，土壤热量得到了有效的保护，减少了散热。种植甘蔗后进行地膜全覆盖可保温，温度是影响甘蔗生长的重要环境因素，通过地膜全覆盖可提高地温，进而增加甘蔗干物质积累，最终实现甘蔗高产。

表 6-4　不同覆膜方式下 20cm 深度土层的温度（℃）

处理	时间（月/日）						
	3/29	4/8	4/18	4/28	5/8	5/21	6/6
地膜全覆盖	29.7	30.0	31.0	31.0	31.3	29.7	29.3
半膜覆盖	28.0	29.7	30.3	32.3	29.7	28.7	29.3
不盖膜	26.0	28.0	29.3	30.7	28.7	29.0	29.0

三、地膜不同覆盖方式对 0～20cm 深土层土壤水分的影响

地膜全覆盖处理以白色薄膜压盖，通过地膜全覆盖处理后，土壤水分得到了有效的保护，为甘蔗出苗提供了有利条件，减少了水分蒸发，甘蔗出苗率提高。本试验研究了甘蔗种植后干旱期（3—6 月）各处理中 0～20cm 深土层的含水量，甘蔗种植后每 10d 测1 次土壤含水量。由图 6-1 可看出，地膜全覆盖下 0～20cm 深土层的含水量比对照即不盖地膜处理的土壤含水量高，各处理的土壤含水量表现为地膜全覆盖（A）＞半膜覆盖（B）＞不盖膜（C）的变化趋势。

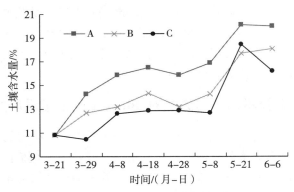

图 6-1　各处理中 0～20cm 深土层的土壤含水量

四、地膜不同覆盖方式对甘蔗出苗的影响

旱地甘蔗地膜全覆盖处理后，不但提高了土壤温度，还增加了土壤水分，为甘蔗出苗率的提高创造了良好的条件。由图 6-2 中各处理小区的甘蔗出苗量可以看出，地膜全覆盖处理的甘蔗出苗时间比不盖膜处理的早，6 月 6 日地膜全覆盖处理的出苗率比不盖膜处理的高 70.5%、比半膜覆盖的处理高 39.7%，出苗量表现为地膜全覆盖（A）＞半膜覆盖（B）＞不盖膜（C）的变化趋势。

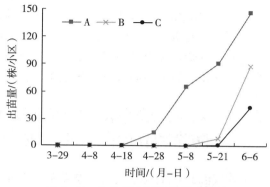

图 6-2　各处理小区的甘蔗出苗量

五、地膜全覆盖具有显著的增温、保湿和增产效果

旱地甘蔗地膜全覆盖处理后，土壤温度和水分含量比不盖膜处理的高，为甘蔗出苗提供了有利条件，甘蔗出苗率提高，最终增加了甘蔗产量。云南甘蔗产区 1—6 月降水量均较少，春植甘蔗在整个苗期都无有效降雨，干旱条件严重制约着甘蔗萌发和出苗生长，而甘蔗苗量的多少直接影响后期的产量高低。本试验表明，地膜全覆盖处理的甘蔗出苗时间比半膜覆盖和不盖膜处理的早，且出苗量明显高于后两个处理；0～20cm 土层含水量变化表现为地膜全覆盖＞半膜覆盖＞不盖膜；甘蔗产量最高的为地膜全覆盖，其次是半膜覆盖，最低是不盖膜处理。土壤含水量、出苗量及后期产量变化趋势表现一致，这一结果充分肯定了地膜全覆盖的增产效果。在春植甘蔗种植时进行地膜全覆盖，可有效解决干旱制约甘蔗出苗生长的土壤水分关键问题，对提高旱地甘蔗产量具有重要的推广应用价值。

种植甘蔗后进行地膜全覆盖可保水保温，温度和水分是影响甘蔗生长的重要环境因素，通过地膜全覆盖可提高水分利用率，进而增加甘蔗干物质积累，最终实现甘蔗高产。翁笑艳等人（2007）研究表明，水分胁迫下 Ca^{2+} 可能参与了甘蔗幼苗抗氧化酶系统的调节，Ca^{2+} 信号和活性氧（ROS）所介导的信号转导途径存在交叉互作，降低了甘蔗幼苗的相对生长量，加剧了可溶性蛋白含量的下降。杨洪昌（2012）的研究结果表明，甘蔗地膜全覆盖能明显提高甘蔗出苗率、分蘖量和产量，且效果显著高于不盖膜和半覆盖处理，同时能有效地减少杂草种类及数量，是一项经济适用的抗旱高产轻简栽培措施，可在云南的冬春甘蔗种植上运用推广。

第三节 除草地膜全覆盖对蔗园杂草 防除和甘蔗产量的影响

我国蔗区年均气温高，空气湿度大，杂草危害严重。甘蔗田间的恶性杂草主要有香附子（*Cyperus rotundus* L.）、喜旱莲子草（*Alternanthera philoxeroides*）、矮牵牛（*Petunia hybrida* Vilm.）等；常见的双子叶杂草有藿香蓟（*Ageratum conyzoides* L.）、龙葵（*Solanum nigrum* L.）、鬼针草（*Bidens pilosa* L.）、牛膝菊（*Galinsoga parviflora* Cav.）等；常见的单子叶杂草有牛筋草［*Eleusine indica*（L.）Gaertn.］、马唐［*Digitaria sanguinalis*（L.）Scop.］、狗尾草［*Setaria viridis*（L.）Beauv.］等。其中单子叶杂草对甘蔗危害较为严重，甘蔗田间常见的杂草防控措施主要为使用化学除草剂莠去津、莠灭净、乙草胺、敌草隆、2甲4氯等单剂及混配制剂进行防控，但采用化学除草剂或人工除草每公顷需要劳动用工30～60人，增加了种植成本。玉米及蔬菜、花卉等作物使用黑地膜便可以起到很好的除草效果，但甘蔗覆盖黑膜栽培容易导致甘蔗幼苗黄化，难以破膜出苗。因此，甘蔗用除草膜必须有较好的透光性，甘蔗用除草地膜在国外研究中鲜有报道。为降低甘蔗种植劳动强度，近十年来国内一些研究机构研发的甘蔗专用除草地膜有了较大突破，甘蔗除草膜在广东、广西、云南蔗区有了一定规模的应用面积。本研究采用云南省农业科学院甘蔗研究所研制的4种甘蔗除草地膜全覆盖栽培，比较不同除草膜对田间常见3种杂草的防控效果，并调查不同处理的出苗量、产量、蔗糖分等指标，为选择适合甘蔗的除草膜及配套栽培方法提供了科学依据。

一、4种除草地膜的除草效果

表6-5分析表明，覆盖除草地膜后，田间杂草重量均小于对照（普通地膜），其中除草膜1号、除草膜3号、除草膜4号和对照具有极显著差异。除草膜1号覆盖后，田间杂草重量最小，而除草膜2号处理中虽然杂草重量小于对照，但差异不显著。除草膜1号、2号对狗尾草的防控率为100%，除草膜3号、4号对牛筋草的防控率达100%。

表6-5 田间覆盖不同地膜后的杂草重量比较（g）

处理	马唐	牛筋草	狗尾草	杂草平均重量
除草膜1号	0.6±1.0*	6.9±12.0*	0.0±0.0	7.5±11.5Aa
除草膜2号	642.0±273.6	255.1±243.6	0.0±0.0	897.1±51.8ABab
除草膜3号	1.5±2.6*	0.0±0.0*	90.2±156.2	91.7±154.9Aa
除草膜4号	154.9±140.0*	0.0±0.0*	54.0±93.5	208.9±185.5Aa
对照（CK）	1 704.2±1 585.3	647.7±583.2	251.1±434.9	2 603.0±1 559.2Bb

注：*表示同列数据在0.05水平上差异显著，不同大小写字母表示在0.05水平和0.01水平上差异显著和极显著，相同字母或没标记字母表示在0.05水平上差异不显著。下同。地膜由云南省农业科学院甘蔗研究所研制，厚度0.008mm，宽度1.5m，均为白色透光地膜。其中，除草膜1号：85%聚乙烯+10%除草母粒A+5%除草母粒B；除草膜2号：90%聚乙烯+5%除草母粒A+5%除草母粒B；除草膜3号：90%聚乙烯+10%除草母粒A；除草膜4号：90%聚乙烯+10%除草母粒B，各除草膜成分间比值均为质量比。聚乙烯由中国石化茂名分公司生产，除草母粒A、除草母粒B由山东济宁中艺橡塑有限公司生产。

二、4种除草地膜对甘蔗出苗量和蔗茎产量的影响

由表6-6分析可知，覆盖除草膜和对照相比，不同类型地膜覆盖后，出苗量趋势为除草膜1号＞除草膜2号＞除草膜3号＞对照＞除草膜4号，蔗茎产量趋势为除草膜2号＞除草膜3号＞除草1号＞对照＞除草膜4号，仅有覆盖除草膜4号处理的甘蔗出苗量、蔗茎产量低于对照，通过方差分析发现各处理间出苗量、蔗茎产量差异不显著。

表 6-6　覆盖不同地膜后甘蔗出苗量和蔗茎产量

处理	出苗量/（株/hm²）	蔗茎产量/（kg/hm²）
除草膜 1 号	80 913.58±4 716.05A	99 358.02±9 160.49A
除草膜 2 号	80 000.00±13 925.93A	102 666.67±9 851.85A
除草膜 3 号	71 851.85±17 975.31A	100 197.53±10 246.91A
除草膜 4 号	70 444.44±10 962.96A	95 654.32±9 901.23A
对照（CK）	70 617.28±7 283.95A	98 592.59±13 333.33A

三、4 种除草地膜对甘蔗品质的影响

从表 6-7 分析来看，各处理间重力纯度为覆盖除草膜 2 号最低、对照最高，但各处理间在 $P=0.05$ 水平上差异不显著；覆盖除草膜 4 号的蔗茎蔗糖分最高，但处理间差异不显著；还原糖分为覆盖除草膜 1 号最低、覆盖除草膜 3 号最高，但处理间差异不显著；各处理间锤度大部分差异不显著，但除草膜 3 号和除草膜 4 号锤度差异显著。

表 6-7　不同地膜覆盖模式下甘蔗品质的差异

处理	蔗糖分/%	重力纯度/%	还原糖分/%	锤度/%
除草膜 1 号	15.04±0.26A	84.01±2.03A	0.30±0.07A	21.96±1.64AB
除草膜 2 号	15.37±0.98A	83.69±0.70A	0.41±0.19A	22.26±0.68AB
除草膜 3 号	14.82±0.83A	84.07±1.87A	0.51±0.23A	20.82±1.02A
除草膜 4 号	16.02±0.28A	83.87±0.49A	0.33±0.16A	22.77±0.39B
对照（CK）	15.70±0.33A	85.63±1.79A	0.37±0.14A	22.09±0.54AB

四、讨论与结论

覆盖除草膜 1 号、2 号对狗尾草的除草效果最佳，试验中的 3 个重复均无狗尾草；覆盖除草膜 3 号、4 号后，3 个试验重复均没有牛筋草。覆盖除草膜 1～4 号后，杂草总重量分别为对照的 0.3%、34.5%、3.5%、8.0%；除草膜 1 号、2 号除草效果均超过 95%。

高鸿飞（2011）和陈明周等（2012）研究表明，甘蔗覆盖黑膜和灰黑膜可通过物理方法达到较好的灭草效果，可节省除草剂及人工，但对甘蔗产量有较大影响。其主要原因是覆盖黑膜或银灰膜降低了土壤温度，并影响甘蔗分蘖、产量和品质，从而降低了种蔗效益。本研究中覆盖除草膜1～3号，甘蔗出苗量、蔗茎产量均高于对照。Pereira等（2011）研究表明，马唐通过地上部挥发和根系分泌抑制多种作物生长，本研究中覆盖除草地膜后，由于杂草生长受到抑制，从而减少杂草对甘蔗生长初期所需光照、水分、养分的竞争，同时有可能减轻杂草产生的化感物质对甘蔗生长的抑制，从而提高了甘蔗出苗量和产量，其内在生化机理可进行深入研究。本研究使用的除草膜与对照普通地膜相比，甘蔗蔗糖分、重力纯度、还原糖分、锤度均不受影响，其主要原因可能是采用的除草膜具有较高的透光性，不影响地膜的保温效果，同时也表明除草膜中所使用的除草剂对甘蔗生长是安全的。从除草效果和对甘蔗产量影响两方面综合考虑，覆盖除草膜1号除草效果最好，不影响甘蔗产量和蔗糖分及相关工艺性状。

第四节　不同材料地膜全覆盖的水热效应及其对甘蔗产量的影响

覆膜栽培自1978年引入中国，已成为中国旱作区作物增产和农民增收的重要措施。甘蔗是中国主要的糖料作物，也是云南边疆少数民族地区脱贫致富的经济作物之一。覆膜栽培具有显著的增温保墒特性，能满足甘蔗出苗对土壤水热条件的要求，有利于甘蔗高产高效栽培。但传统覆膜栽培还存在一些问题，首先，土壤水分蒸发较快，保温保墒效果差；其次，传统地膜残留在土壤中很难降解，易造成白色污染，严重影响蔗区土壤质量。随着塑料产业的不断发展，可降解地膜的研制与应用是解决上述问题的有效途径。因此，为解决传统地膜的白色污染、增加甘蔗产量和农民收入、确保甘蔗产业健康持续发展，需要筛选适宜的甘蔗降解地膜。

甘蔗降解地膜代替普通地膜在生产上推广应用意义重大，可有效减少应用普通地膜带来的白色污染问题；同时，降解地膜在土壤中可降解，可节省揭膜用工，实现甘蔗轻简高效栽培。许树宁等（2014）和刀静梅等（2015）研究表明，覆膜栽培可提高蔗区耕层土壤的温度、湿度和甘蔗出苗率，促进甘蔗早生快发、出苗整齐，在一定程度上解决甘蔗种植时土壤温度低和降雨少的问题。然而，光降解除草地膜、完全生物降解地膜和除草地膜全覆盖轻简栽培的土壤水热效应及其对甘蔗产量的影响的研究鲜有报道。因此，本试验以普通地膜半覆盖传统栽培为对照，比较研究光降解除草地膜、完全生物降解地膜和除草地膜全覆盖轻简栽培对不同土层土壤温度、含水量和甘蔗产量的影响，旨在筛选适宜的甘蔗降解地膜，研究结果将为甘蔗覆膜栽培技术改进创新提供依据。

一、全膜覆盖轻简栽培对土壤温度和含水量的影响

从表 6-8 可知，在甘蔗播种期至苗期，不同土层的土壤平均温度均表现为 C＞A＞B＞CK，即全膜覆盖轻简栽培的土壤平均温度在 5cm、15cm、25cm 土层分别较 CK 提高 0.23～0.76℃、0.09～1.00℃、0.04～0.57℃，其中 25cm 土层土壤平均温度的差异达显著水平（$P<0.05$），5cm、15cm 土层土壤平均温度的差异不显著（$P>0.05$）；在不同处理间，土壤平均温度均随土层深度的增加而降低，且表层（5～15cm）土壤平均温度较深层（15～25cm）土壤平均温度下降幅度更大。说明与 CK 比，全膜覆盖轻简栽培对不同土层的土壤平均温度都有一定的增温效应，特别是对 25cm 土层土壤平均温度的提高有显著作用，且各处理间土壤平均温度均随土层深度增加而呈下降趋势。

与 CK 比，A、B、C 处理中不同土层的土壤平均含水量均极显著增加，即全膜覆盖轻简栽培的土壤平均含水量在 0～10cm、10～20cm、20～30cm 土层分别较 CK 提高 6.31%～7.99%、6.84%～8.05%、7.43%～8.29%，且差异达极显著水平（$P<0.01$），但 A、B、C 处理间不同土层土壤的平均含水量的差异均未

达显著水平。因此，全膜覆盖轻简栽培具有良好的保水性，可能与地膜全地面覆盖有效地阻隔抑制了土壤水分蒸发和促进土壤水分在不同土层间的循环有关，促进了土壤含水量的提高。

表 6 - 8　全膜覆盖轻简栽培对土壤温度和含水量的影响

处理	土壤平均温度/℃			土壤平均含水量/%		
	T5cm	T15cm	T25cm	W5cm	W15cm	W25cm
A	31.43±0.33aA	27.15±0.37aA	26.19±0.21aAB	22.76±0.21aA	22.83±0.21aA	22.72±0.16aA
B	31.10±0.09aA	26.54±0.15aA	25.67±0.09abAB	23.12±0.53aA	23.08±0.56aA	22.87±0.54aA
C	31.63±0.43aA	27.45±0.55aA	26.20±0.35aAB	22.88±0.26aA	22.82±0.09aA	22.69±0.10aA
CK	30.87±0.61aA	26.45±1.10aA	25.63±0.35bB	21.41±0.06bB	21.36±0.03bB	21.12±0.04bB

注：A代表光降解除草地膜全覆盖轻简栽培，B代表完全生物降解地膜全覆盖轻简栽培，C代表普通除草地膜全覆盖轻简栽培，CK代表普通地膜半覆盖传统栽培。T5cm、T15cm、T25cm分别表示蔗沟5cm、15cm、25cm土层的土壤温度；W5cm、W15cm、W25cm分别表示0～10cm、10～20cm、20～25cm土层的土壤含水量。数据为平均值±标准差。同列数据后不同大、小写字母分别表示差异达极显著（$P<0.01$）、显著（$P<0.05$）水平。下同。

二、土壤温度与土壤含水量的相关性

不同土层土壤的温度、含水量相关分析（表 6 - 9）表明，全膜覆盖轻简栽培、地膜半覆盖传统栽培的不同土层土壤的温度、含水量间均存在极显著正相关关系。全膜覆盖轻简栽培 0～10cm 土层土壤含水量与各土层土壤温度呈正相关，未达显著水平；10～20cm 土层土壤含水量与各土层土壤温度呈正相关，在 15cm、25cm 土层达显著水平；20～30cm 土层土壤含水量与各土层土壤温度呈正相关，在 15cm、25cm 土层达极显著水平。地膜半覆盖传统栽培中各土层土壤含水量与各土层土壤温度的相关性未达显著水平，其中 0～10cm 土层土壤含水量与 5cm 土层土壤温度呈正相关，与 15cm、25cm 土层土壤温度呈负相关；10～20cm 土层土壤含水量与各土层土壤温度均呈正相关；20～30cm 土层土壤含水量与 5cm、15cm 土层土壤温度呈正相关，与 25cm 土层土壤温度呈负相关。说明不同覆盖条件下，不同土层间的土壤温度、土壤含水量的关联性均表现出相似的规律；在全膜覆盖下，只有深层土壤含水量与温度间存在一定的关系，而表层土壤含水量和温度间无明显规律，可能与表层土壤受大气温度的影响较大有关。这说明试验地表层土壤温度对土壤含水量有显著的影响。

表 6-9　不同覆盖条件下不同土层土壤温度、含水量的相关系数

性状	相关系数					
	T5cm	T15cm	T25cm	W5cm	W15cm	W25cm
T5cm	1.000	0.671**	0.588**	0.090	0.083	0.148
T15cm	0.698**	1.000	0.945**	0.171	0.236*	0.307**
T25cm	0.614**	0.926**	1.000	0.199	0.240*	0.293**
W5cm	0.097	−0.021	−0.044	1.000	0.738**	0.686**
W15cm	0.259	0.117	0.065	0.806**	1.000	0.796**
W25cm	0.089	0.046	−0.049	0.752**	0.825**	1.000

注：左下角为地膜半覆盖下各指标的相关系数，$n=27$；右上角为地膜全覆盖下各指标的相关系数，$n=81$；* 和 ** 分别表示在 0.05 和 0.01 水平下相关性显著和极显著。

三、全膜覆盖轻简栽培对甘蔗出苗率和分蘖率的影响

由表 6-10 可知，在出苗率方面，全膜覆盖轻简栽培的出苗率均显著高于 CK；出苗率由高到低依次为 B＞A＞C＞CK，B、A、C 分别比 CK 提高 22.71%、20.03%、13.54%，但 A、B、C 的差异不显著。在分蘖率方面，不同处理间存在显著或极显著差异；分蘖率由高到低依次为 C＞A＞CK＞B，C、A、B 分蘖率分别比 CK 提高（或降低）27.93%、25.01%、−12.82%，其中 A、C 显著高于 CK 和 B，A、C 间和 B、CK 间差异均不显著。B 分蘖率较低，且低于 CK，可能与其降解过早有关。

表 6-10　全膜覆盖轻简栽培对甘蔗出苗率和分蘖率的影响

处理	出苗率/%	分蘖率/%
A	51.42±3.18aA	184.79±9.61aA
B	52.57±3.13aA	128.87±4.50bB
C	48.64±2.41aAB	189.10±8.60aA
CK	42.84±2.12bB	147.82±18.91bB

四、全膜覆盖轻简栽培对甘蔗产量性状及蔗茎产量的影响

由表 6 – 11 可知，甘蔗株高、茎径在不同处理间差异不显著；但有效茎数在各处理间差异达显著水平，其中 C、A 显著高于 B，与 CK 差异不显著；蔗茎产量在各处理间差异达显著和极显著水平，其中 A 最高，达 96.32t/hm²，C 其次，达 92.68t/hm²，A、C 极显著高于 CK，分别增产 15.87％、11.49％，B 与 CK 差异不显著。说明光降解除草地膜、除草地膜全覆盖轻简栽培对蔗茎产量提高有明显的促进作用；而完全生物降解地膜增产效果不明显，可能与其前期分蘖少，从而导致有效茎数少有关。

表 6 – 11　全膜覆盖轻简栽培对甘蔗产量性状及产量的影响

处理	株高/cm	茎径/cm	有效茎数/（条/hm²）	蔗茎产量/（t/hm²）
A	288.22±10.58aA	2.87±0.04aA	57 165±1 845aA	96.32±0.49aA
B	274.17±6.62aA	2.79±0.13aA	50 670±3 525bA	83.65±4.30bBC
C	279.05±8.60aA	2.86±0.06aA	57 615±4 860aA	92.68±4.96aAB
CK	271.38±9.08aA	2.81±0.10aA	52 890±1 890abA	83.13±1.21bC

五、全膜覆盖轻简栽培对种蔗净效益的影响

由表 6 – 12，种蔗净效益由高到低依次为 A＞C＞CK＞B，其中 A、C 极显著高于 CK，分别增收 4 976.31 元/hm²、2 753.03 元/hm²，增幅达 157.50％、87.13％。与 CK 比，全膜覆盖轻简栽培均提高了甘蔗产值。覆降解地膜省去了揭膜成本，较除草地膜和普通地膜节约了用工，加上全膜覆盖增加了地膜用量，增加了物资成本，因此，从种蔗净效益来看比较科学。B 的种蔗效益与 CK 相当，与其产量与 CK 相当有直接关系。

表 6 - 12　全膜覆盖轻简栽培对种蔗净效益的影响

处理	产值/ （元/hm²）	种植成本/ （元/hm²）	揭膜成本/ （元/hm²）	砍收成本/ （元/hm²）	总成本/ （元/hm²）	净效益/ （元/hm²）
A	40 454. 24	20 760. 00	0. 00	11 558. 36	32 318. 36	8 135. 89±95. 03aA
B	35 132. 81	22 695. 00	0. 00	10 037. 95	32 732. 95	2 399. 86±1 224. 51cB
C	38 925. 06	20 691. 00	1 200. 00	11 121. 44	33 012. 44	5 912. 61±1 555. 87bA
CK	34 915. 41	19 380. 00	2 400. 00	9 975. 83	31 755. 83	3 159. 58±318. 84cB

　　注：2016/2017 榨季，耿马甘蔗收购价为 420 元/t、机械化犁耙开沟 3 600 元/hm²、
肥料 3 300 元/hm²、种苗 6 300 元/hm²、光降解除草地膜 2 160 元/hm²、完全生物降解
地膜 4 095 元/hm²、除草地膜 2 091 元/hm²、普通地膜 780 元/hm²、农药 900 元/hm²、
甘蔗种植加盖膜人工 4 500 元/hm²、甘蔗砍收 120 元/t。

六、讨论与结论

　　甘蔗属喜高温、喜湿作物，土壤温度和含水量是影响蔗种发芽
的重要因子。温度低于 20℃或高于 43.9℃都不适宜于蔗种发芽，蔗
芽在 20～25℃发芽正常，随着温度升高，发芽速度加快，最适温度
为 30～32℃；蔗种萌发所需的土壤含水量为 20％～30％，以 25％为
最好。覆膜栽培具有明显的增温保墒作用，但由于地膜的材料和覆
盖方式不同，对土壤微环境的影响也不一样。已有研究表明，光降
解除草地膜、完全生物降解地膜、普通除草地膜具有普通透明地膜
的增温保墒作用，与地膜半覆盖、露地栽培比，全膜覆盖轻简栽培
可改善土壤水热效应。本研究表明，在甘蔗播种期至苗期，不同处
理的土壤平均温度均随土层深度的增加而降低，这与刀静梅等
（2015）、张妮等（2016）的研究结果基本一致；全膜覆盖轻简栽培
的不同土层土壤平均温度均大于对照，其中 5cm、15cm 土层土壤平
均温度的差异不显著，25cm 土层土壤平均温度的差异达显著水平，
这可能与地膜半覆盖的裸露土壤水分蒸发引起的热量交换有关。地
膜覆盖由于阻隔了土壤水分蒸发，在膜下形成的凝结水珠又返回土
壤，有效地减少了蒸发失热。全膜覆盖基本上阻隔了 100％面积的土
壤水分蒸发，而地膜半覆盖约 50％面积的土壤与大气有热量交换，
导致增温效果差，特别是深层土壤增温效果不显著。土壤含水量的

垂向分布受地膜对土壤水分蒸发的控制及膜下土壤水分循环的影响。孙梦媛等（2018）研究发现，全膜垄作栽培显著影响马铃薯全生育时期0～40cm土层土壤的含水量。本试验中，全膜覆盖轻简栽培各土层的土壤平均含水量均极显著高于对照，这与刀静梅等（2015）的研究结果基本一致。因此，全膜覆盖轻简栽培具有明显的增温保墒效应，提高了土壤温度和含水量，为甘蔗生长提供了良好水热条件。

土壤温度与土壤含水量的相互作用对彼此具有重要影响。本研究表明，全膜覆盖轻简栽培、地膜半覆盖传统栽培的不同土层土壤温度、含水量间均存在极显著正相关。全膜覆盖轻简栽培0～10cm土层土壤含水量与各土层土壤温度呈正相关；10～20cm土层土壤含水量与15cm、25cm土层土壤温度存在显著正相关；20～30cm土层土壤含水量与15cm、25cm土层土壤温度存在极显著正相关。地膜半覆盖传统栽培的不同土层土壤含水量与不同土层土壤温度间相关性未达显著水平。这说明无论是全膜覆盖还地膜半覆盖，各土层土壤温度和土壤含水量间有相关性，但各土层呈现的规律并不一致，这与米合热古丽·塔什卜拉提等（2018）、刘斐等（2013）的研究结果较为一致。本研究认为，在本试验中全膜覆盖条件下，可通过15cm、25cm土层的土壤温度的测定来预测10～20cm、20～30cm土层的土壤含水量。

覆膜栽培除具有增温、保墒等效应外，还具有促进作物生长发育和获得高产高效的作用。全膜覆盖轻简栽培作为云南旱地蔗区的主推技术之一，其明显的保温保墒特性是其获得大面积应用的主要原因。全膜覆盖可调节水、热、气等因子之间的关系，为蔗芽萌发、出苗和分蘖创造一个适宜的水热条件。为此，全膜覆盖轻简栽培可促进甘蔗早生快发，提高甘蔗出苗率和分蘖率，进而影响甘蔗有效茎数和蔗茎产量。在甘蔗萌发和出苗期，全膜覆盖的增温保墒效果明显，但地膜半覆盖仍有约50%的蔗地是裸露的，其增温保墒效果有限，导致甘蔗萌发、出苗和分蘖效果相对较差。在甘蔗分蘖期，完全生物降解地膜全覆盖的分蘖率略低于对照，显著低于其他两个全膜覆盖处理，这可能与完全生物降解地膜过早降解有关，在甘蔗还未进入伸长期时，降解地膜就开始过早破裂，显著影响了土壤温度、土壤含水量和产量。由于光降解除草地膜、除草地膜全覆盖增温保墒效果好，极大地提高了甘蔗分蘖率、有效茎数、产量和种蔗净效益。甘蔗分蘖增加，为甘蔗有效茎的形成奠定了良好基础，进而提高了甘蔗产量和种蔗净效益。但除草地膜是带除草功能的普通聚乙烯地膜，在生产上需进行回收处理，否则会污染环境。综合考虑不同覆膜栽培的生态效益、种蔗净收益和种植的轻简程度，本研究认为，光降解除草地膜全覆盖是适合在耿马蔗区推广应用的最优栽培模式，与对照比，其出苗率、分蘖率、蔗茎产量和种蔗净效益分别提高了 20.03%、25.01%、15.87% 和 157.50%，但如果完全生物降解地膜的降解时间能控制在 4~6 个月，价格能降到农民接受的范围，其推广应用前景将非常广阔。

覆膜栽培的不同土层土壤温度、含水量间均存在极显著正相关关系，但不同土层土壤含水量与温度间的相关性呈现的规律并不一致。与对照比，光降解除草地膜、除草地膜全覆盖具有较好的增温保墒效应，可明显提高土壤温度、含水量和甘蔗产量及种蔗净效益；而完全生物降解地膜前期的增温保墒效果较好，在甘蔗分蘖期过早破裂，导致甘蔗产量和种蔗净效益仅与对照相当。因此，为减少普通地膜的白色污染，充分利用土壤水资源发展甘蔗绿色高产高效生产技术，创建更加生态的蔗区环境并兼顾甘蔗丰产和农民增收，在耿马蔗区可选择光降解除草地膜代替传统普通地膜、普通除草地膜；而完全生物降解地膜还有待于进一步完善相关工艺，控制降解时间和产品成本。

第五节　不同颜色地膜全覆盖对土壤水分、温度及甘蔗出苗的影响

普通地膜由于其良好的增温保墒效果一直被广泛应用，各色地膜对光谱的吸收和反射规律不同，对农作物生长及杂草、病虫害、地温等的影响也不一样。长期以来，甘蔗上普遍使用的是普通地

膜，对提高蔗区土壤温度、含水量及促进甘蔗出苗有积极作用。由于甘蔗在生长过程中温度的变化，杂草也会大规模地生长，有人对盖了不同颜色的地膜是否能起到抑制杂草的作用进行了研究，结果表明，除草地膜、银灰地膜、绿色地膜、普通地膜对杂草都具有抑制作用，防治效果较好，它们与不盖膜之间存在极显著水平差异；但也有研究表明，绿色地膜促进了杂草的生长，普通地膜覆盖栽培不能起到较好的除草效果，在一定程度上影响了甘蔗出苗并与甘蔗争夺土壤养分。对于地膜覆盖栽培在甘蔗上的研究与应用，大部分研究者都集中在普通地膜覆盖对土壤温度、含水量和甘蔗产量、品质的影响上，但对不同颜色的地膜覆盖对土壤含水量、温度及甘蔗出苗影响的研究报道较少。本研究就绿色地膜、银灰地膜和除草地膜与普通地膜进行对比，一方面探究除草地膜（乙草胺）与普通地膜对土壤的含水量、温度及对甘蔗出苗率的影响是否存在差异，另一方面看绿色地膜、银灰地膜和除草地膜与普通地膜之间对土壤的含水量、温度及对甘蔗苗期的影响是否存在差异，为甘蔗新型地膜的改进和在甘蔗生产中的推广应用提供参考。

一、不同颜色地膜覆盖对土壤含水量的影响

由表 6-13 可知，不同颜色地膜覆盖下土壤深度为 5～10cm 处的水分含量表现为普通地膜＞绿色地膜＞除草地膜＞银灰地膜，普通地膜的土壤含水量最高，平均值分别比绿色地膜、除草地膜、银灰地膜高出 1.1%、10.0%、14.2%，但与其他 3 个处理均无显著差异。

表 6-13　不同颜色地膜覆盖土壤下 5～10cm 深处的水分含量变化

处理	土壤含水量/%					
	4 月 24 日	4 月 30 日	5 月 7 日	5 月 15 日	5 月 22 日	平均值
除草地膜	25.0	22.2	23.0	26.2	24.0	24.1a
银灰地膜	26.1	21.0	17.0	25.8	25.9	23.2a
绿色地膜	29.2	30.0	20.0	27.4	24.3	26.2a
普通地膜（CK）	30.2	25.0	19.0	30.6	27.5	26.5a

注：同列数据后不同小写字母表示在 0.05 水平下差异显著。下同。

二、不同颜色地膜覆盖对土壤温度的影响

由表 6-14 可知，不同颜色地膜覆盖对土壤 $10\sim15cm$ 深处的温度有显著的影响，温度平均值表现为除草地膜＝普通地膜＞绿色地膜＞银灰地膜，其中银灰地膜与除草地膜、普通地膜温度相差 $1.0℃$，存在显著性差异，绿色地膜与银灰地膜相差 $0.8℃$。

表 6-14　不同地膜覆盖土壤下 10~15cm 处的温度变化

处理	土壤温度/℃					
	4 月 24 日	4 月 30 日	5 月 7 日	5 月 15 日	5 月 22 日	平均值
除草地膜	24.4	26.3	24.1	24.3	34.4	26.7a
银灰地膜	23.8	25.7	22.4	23.9	32.5	25.7b
绿色地膜	24.6	26.1	23.8	24.5	33.3	26.5ab
普通地膜（CK）	24.5	26.4	23.6	25.4	33.4	26.7a

三、不同颜色地膜覆盖对甘蔗出苗率和分蘖率的影响

由表 6-15 可知，不同颜色地膜覆盖下的甘蔗出苗率由高到低依次为普通地膜＞绿色地膜＞除草地膜＞银灰地膜，分蘖率由高到低为除草地膜＞普通地膜＞绿色地膜＞银灰地膜，总体看来银灰地膜的出苗率和分蘖率都最低，其他处理的出苗率和分蘖率相对较高。除草地膜的分蘖率绝对值分别比银灰地膜、绿色地膜、普通地膜提高了 33.9%、19.4%、16.4%。不同颜色地膜覆盖对甘蔗出苗的影响无显著差异。

表 6-15　不同颜色地膜覆盖下甘蔗出苗与分蘖的情况

处理	出苗率/%	分蘖率/%
	5 月 6 日	6 月 5 日
除草地膜	44.4a	215.3a
银灰地膜	44.1a	160.8a
绿色地膜	47.1a	180.3a
普通地膜（CK）	52.0a	184.9a

四、讨论与结论

我国大部分地区冬春干旱少雨，地膜覆盖技术就成为了甘蔗增产的关键。土壤温度、含水量是影响甘蔗整个生育过程的主要因素，合适的土壤温度、含水量能起到促进甘蔗生长发育的作用。乙草胺是一种化学除草剂，对一年生禾本科杂草的防治效果较好，对其他杂草也具备一定的防除效果。试验表明，除草地膜（乙草胺）与普通地膜对土壤的含水量、温度及对甘蔗苗期的影响无统计学意义，乙草胺不会对甘蔗的出苗和分蘖造成显著的不良影响，这与吕达等（2009）的研究结果一致；绿色地膜、银灰地膜和除草地膜与普通地膜对土壤的含水量、温度及对甘蔗苗期的影响情况是，四种地膜对土壤含水量、甘蔗出苗和分蘖的影响均无显著性差异，但银灰地膜与普通地膜和除草地膜在对土壤温度变化的影响上存在着显著性差异。不同颜色地膜对光谱的吸收率、透射率不同，与土壤温度的变化是正相关的关系，与汪兴汉等（1986）、张明贤等（1983）的研究结果一致，普通地膜的增温效果最好。不同颜色的地膜覆盖对土壤保水都具有一定的效果，这对甘蔗的出苗和分蘖具有良好的促进作用，在后期甘蔗的生长发育中也起到关键作用。本试验通过对不同颜色地膜对土壤水分含量和温度变化的影响的研究发现，普通地膜、绿色地膜、除草地膜相对来说保水保温效果较好，土壤含水量和温度比银灰地膜分别至少高出 0.9% 和 0.8℃；对于后期甘蔗的出苗和分蘖情况研究发现，普通地膜、绿色地膜、除草地膜也一样比银灰膜至少高出 0.3% 和 19.5%。银灰地膜的总体表现从土壤含水量、温度和甘蔗出苗率、分蘖率上都不理想，因此银灰地膜不适宜推广应用；除草地膜可以作为新型地膜研究应用；绿色地膜和普通地膜对土壤含水量、温度和甘蔗出苗率、分蘖率的影响无显著差异，都有保水保肥的良好效果，出苗和分蘖相对于其他地膜效果更好，适宜推广应用。

参 考 文 献

毕继业，王秀芬，朱道林，2008. 地膜覆盖对农作物产量的影响 [J]. 农业工程学报，24 (11)：172 - 174.

曹文侠，徐长林，张德罡，等，2011. 杜鹃灌丛草地土壤容重与水分特征对不同休牧模式的响应 [J]. 草业学报 (3)：28 - 35.

陈明周，黄瑶珠，杨友军，2012. 关于甘蔗地膜覆盖存在问题的探讨 [J]. 甘蔗糖业 (3)：44 - 46.

陈明周，黄瑶珠，杨友军，等，2017. 不同配方花生除草地膜覆盖栽培效果研究 [J]. 广东农业科学，12：18 - 24.

陈祯，2010. 土壤容重变化与土壤水分状况和土壤水分检测的关系研究 [J]. 节水灌溉 (12)：47 - 50.

陈仲球，赵雅琴，2009. 莠灭净悬浮剂防治甘蔗田杂草的效果 [J]. 浙江农业科学 (2)：396 - 397.

崔凤高，徐秀娟，2001. 不同颜色地膜对花生田杂草的防除效果研究 [J]. 杂草科学，1：38 - 39.

崔雄维，张跃彬，刘少春，等，2010. 建水蔗区土壤养分分布特征研究 [J]. 西南农业学报，23 (1)：123 - 127.

刀静梅，刘少春，张跃彬，等，2015. 地膜全覆盖对旱地甘蔗性状及土壤温湿度的影响 [J]. 中国糖料，37 (1)：22 - 23.

邓军，刀静梅，樊仙，等，2017. 不同轻简高效栽培模式对新植甘蔗产量及经济效益的影响 [J]. 中国糖料，39 (4)：11 - 13, 17.

董立国，蔡进军，张源润，等，2016. 降解地膜过早破裂对玉米地土壤水分温度及产量的影响 [J]. 农学学报，6 (4)：66 - 69.

杜守宇，田恩平，温敏，等，2002. 膜侧小麦最佳补灌时期及适宜补灌量的研究 [J]. 干旱地区农业研究 (4)：80 - 81.

方文松，邓天宏，刘荣花，等，2005. 河南省不同土壤类型墒情变化规律 [J]. 气象科技 (2)：182 - 184.

高鸿飞，2011. 不同地膜覆盖对马铃薯生长的影响分析 [J]. 宁夏农林科技，52 (7)：8.

耿韧，张光辉，李振炜，等，2014. 黄土丘陵区浅沟表层土壤容重的空间变异特征 [J]. 水土保持学报 (4)：257 - 262.

何文清，赵彩霞，刘爽，等，2011. 全生物降解膜田间降解特征及其对棉花产量影响 [J]. 中国农业大学学报，16（3）：21－27.

黄健，黄瑶珠，陈东城，等，2013. 甘蔗除草光降解地膜的应用推广效果及效益研究 [J]. 安徽农业科学，41（35）：13521－13522，13535.

黄应昆，李文凤，2001. 现代甘蔗病虫草害原色图谱 [M]. 北京：中国农业出版社.

江小东，罗志清，1984. 不同颜色地膜覆盖甘蔗对其生育和产量的影响 [J]. 甘蔗糖业，7.

金胜利，周丽敏，李凤民，等，2010. 黄土高原地区玉米双垄全膜覆盖沟播栽培技术土壤水温条件及其产量效应 [J]. 干旱地区农业研究，28（2）：28－33.

靳宝初，1984. 三江平原土壤＜0.01 毫米颗粒含量与土壤最大吸湿量间的关系研究初报 [J]. 土壤学报（2）：221－222.

雷志栋，杨诗秀，许志荣，1985. 土壤特性空间变异性初步研究 [J]. 水利学报（9）：10－21.

李雪英，朱海波，刘刚，等，2012. 地膜覆盖对甘薯垄内温度和产量的影响 [J]. 作物杂志（1）：121－123.

李杨瑞，2010. 现代甘蔗学 [M]. 北京：中国农业出版社：3－4，165－167.

刘春芬，刘文兆，林文，等，2017. 黄土塬区不同地膜覆盖度下土壤水热状况研究 [J]. 水土保持研究，24（6）：62－67.

刘斐，陈军，慕军营，等，2013. 土壤温度检测及其与含水率关系研究 [J]. 干旱地区农业研究，31（3）：95－99，117.

刘连军，黎萍，李恒锐，等，2013. 宿根甘蔗地膜覆盖试验研究 [J]. 中国热带农业（1）：48－49.

刘蕊，孙仕军，张旺旺，等，2017. 氧化生物双降解地膜覆盖对玉米田间水热及产量的影响 [J]. 灌溉排水学报，36（12）：25－30.

刘少春，张跃彬，郭家文，等，2015. 少雨干旱地区地膜全覆盖对旱地甘蔗产量和糖分质量的影响 [J]. 节水灌溉（7）：43－45.

刘少春，张跃彬，吴正焜，等，2002. 宿根甘蔗不同覆盖方式试验研究 [J]. 农业系统科学与综合研究（3）：200－202.

龙瑞平，肖继坪，郭华春，等，2011. 覆膜滴灌栽培对云南春作马铃薯生长及产量的影响 [J]. 干旱地区农业研究（6）：54－57.

吕达，王果，2009. 乙草胺对甘蔗出苗的影响 [J]. 甘蔗糖业，2：15－18.

马建刚，赵洋毅，王艳霞，2013. 滇中地区主要竹林土壤抗蚀性能研究 [J].

水土保持（1）：10-13.

毛云玲，王鹏云，曾艳，等，2011. 昆明市土壤水分常数特征分析［J］. 西部林业科学（2）：64-68.

米合热古丽·塔什卜拉提，塔西甫拉提·特依拜，买买提·沙吾提，等，2018. 于田绿洲盐渍土水、盐、温度季节变化规律与相关性研究［J］. 土壤，50（1）：162-172.

申丽霞，王璞，张丽丽，2012. 可降解地膜的降解性能及对土壤温度、水分和玉米生长的影响［J］. 农业工程学报，28（4）：111-116.

孙梦媛，刘景辉，赵宝平，等，2018. 全膜垄作栽培对旱作马铃薯产量及土壤水热和酶活性的影响［J］. 干旱区资源与环境，32（1）：133-139.

唐吉昌，董有波，王冬蓝，等，2015. 临沧市蔗区甘蔗全膜覆盖对比试验［J］. 甘蔗糖业（1）：11-14.

汪兴汉，章志强，1986. 不同颜色地膜对光谱的透射反射与吸收性能［J］. 江苏农业科学，4：31-33.

王红丽，张绪成，宋尚有，等，2011. 旱地全膜双垄沟播玉米的土壤水热效应及其对产量的影响［J］. 应用生态学报，22（10）：2609-2614.

王磊，张宇，唐静，2007. 敌草隆与莠去津复配对杂草的防除效应［J］. 广东农业科学（9）：69-71.

魏胜利，2005. 田间持水量的测定与旱情分析［J］. 水科学与工程技术（S1）：53-54.

翁笑艳，张木清，阮妙鸿，等，2007. 水分胁迫下钙对甘蔗幼苗抗氧化酶活性的影响［J］. 中国农学通报（7）：273-279.

夏自强，蒋洪庚，李琼芳，等，1997. 地膜覆盖对土壤温度、水分的影响及节水效益［J］. 河海大学学报（2）：41-47.

谢金兰，罗亚伟，梁阗，等，2010. 土壤水分对甘蔗萌芽出苗的影响［J］. 中国糖料（3）：29-34.

徐友信，刘金铜，李宗珍，等，2009. 太行山低山丘陵区不同土地利用条件下土壤容重空间变化特征［J］. 中国农学通报（3）：218-221.

许树宁，吴建明，黄杏，等，2014. 不同地膜覆盖对土壤温度、水分及甘蔗生长和产量的影响［J］. 南方农业学报，45（12）：2137-2142.

薛源清，张俊丽，杨圆圆，等，2017. 可降解地膜覆盖对渭北旱塬土壤水热及玉米产量的影响［J］. 西北农业学报，26（3）：363-368.

杨长刚，柴守玺，常磊，等，2015. 不同覆膜方式对旱作冬小麦耗水特性及籽

粒产量的影响 [J]. 中国农业科学, 48 (4)：661 - 671.

杨洪昌, 2012. 不同地膜全覆盖处理对甘蔗及蔗田杂草的影响 [D]. 北京：中国农业科学院.

杨善, 周鸿凯, 谢平, 等, 2016. 保水措施对旱坡地甘蔗产量与品质的影响 [J]. 热带作物学报, 37 (4)：647 - 652.

姚荣江, 杨劲松, 刘广明, 2006. 黄河三角洲地区土壤容重空间变异性分析 [J]. 灌溉排水学报, 25 (4)：11 - 15.

于志伟, 马跃飞, 谢永健, 2001. 可爱的红河 [M]. 昆明：云南教育出版社.

余美, 杨劲松, 刘梅先, 等, 2011. 膜下滴灌灌水频率对土壤水盐运移及棉花产量的影响 [J]. 干旱地区农业研究 (3)：18 - 23.

张德奇, 廖允成, 贾志宽, 2005. 旱区地膜覆盖技术的研究进展及发展前景 [J]. 干旱地区农业研究 (1)：208 - 213.

张明贤, 王金春, 李霞, 等, 1983. 蔬菜不同颜色地膜覆盖效应的研究 [J]. 河北农业大学学报, 6 (1)：21 - 35.

张明忠, 朱红业, 张映翠, 等, 2007. 云南干热河谷旱坡地两种覆盖措施对土壤水分的影响 [J]. 干旱地区农业研究 (3)：37 - 40.

张妮, 李琦, 侯振安, 等, 2016. 聚乳酸生物降解地膜对土壤温度及棉花产量的影响 [J]. 农业资源与环境学报, 33 (2)：114 - 119.

张淑敏, 宁堂原, 刘振, 等, 2017. 不同类型地膜覆盖的抑草与水热效应及其对马铃薯产量和品质的影响 [J]. 作物学报, 43 (4)：571 - 580.

张小琴, 陈娟, 高秀兵, 等, 2015. 贵州重点茶区茶园土壤 pH 和主要养分分析 [J]. 西南农业学报, 28 (1)：286 - 291.

张跃彬, 2004. 云南双高甘蔗标准化综合技术 [M]. 昆明：云南科学技术出版社：1, 217 - 219.

赵华富, 周国兰, 刘晓霞, 等, 2012. 贵州茶区土壤养分状况综合评价 [J]. 中国土壤与肥料 (3)：30 - 34.

赵秀兰, 2001. 黑龙江省土壤水分常数的空间分布特征 [J]. 黑龙江气象 (4)：8 - 10.

郑纪勇, 邵明安, 张兴昌, 2004. 黄土区坡面表层土壤容重和饱和导水率空间变异特征 [J]. 水土保持学报, 18 (3)：53 - 56.

郑旭荣, 胡晓棠, 李明思, 2000. 棉花膜下滴灌田间耗水规律的试验研究 [J]. 节水灌溉 (5)：25 - 27.

周国兰, 赵华富, 王校常, 等, 2009. 贵州茶园土壤养分调查分析 [J]. 贵州农业科学，37（8）：116-120.

左洪亮，曾勇，高璐，等，2010. 二甲四氯钠与莠灭净混用防除甘蔗田杂草的田间效果 [J]. 湖北农业科学，49（11）：2798-2801.

DAI J L，DONG H Z，2014. Intensive cotton farming technologies in China: Achievements，challenges and countermeasures [J]. Field Crops Research，155：99-110.

LI C，MOORE-KUCERA J，LEE J，et al.，2014. Effects of biodegradable mulch on soil quality [J]. Applied Soil Ecology，79：59-69.

MARTA M，SARA G M，JAIME V，et al.，2017. Deterioration pattern of six biodegradable，potentially low-environmental impact mulches in field conditions [J]. Journal of Environmental Management，200：490-501.

PEREIRA M R R，TEIXEIRA R N，SOUZA G S F，et al.，2011. Inhibition of the initial development of sunflower，corn and triticale plants by crabgrass [J]. Planta Daninha，29（2）：305-310.

第七章

甘蔗轻简高效集成栽培
技术的示范与应用

随着城镇化进程加快，农村劳动力严重短缺，甘蔗产业发展将长期面临请工难、用工贵的挑战。目前，云南甘蔗全程机械化生产技术的应用还处于起步阶段，甘蔗生产仍主要依靠人工，因此，结合云南当前甘蔗生产的实际状况，研发和推广节本增效新技术是推动云南甘蔗产业提质发展的重要措施。云南传统的甘蔗生产主要依靠施用大量化肥、多次施肥和覆盖窄膜，这种传统的甘蔗生产方式费工费时、保墒保温效果差，导致甘蔗种植难以适应云南冬春干旱的实际状况。

针对云南蔗区冬春少雨干旱、生产用工量大、生产成本高的关键问题，云南省农业科学院甘蔗研究所等单位以科技创新为支撑，以绿色发展为重点，以提质增效为目标，积极组织科技人员和农技人员在云南蔗区进行了大规模试验示范并推广应用了甘蔗缓（控）释肥一次施肥技术、甘蔗全膜覆盖技术等绿色轻简生产技术，传统的甘蔗生产逐渐向绿色轻简化方向转变，有力推动了云南甘蔗产业的提质发展。在甘蔗产业结构调整和种植地区向优势区域集中的大背景下，云南甘蔗单产、农业总产量和产糖量实现了连续增长，成为全国依靠科技实现甘蔗产业节本增效的典范，也为全国甘蔗绿色轻简生产树立了榜样。

第一节　甘蔗轻简高效栽培技术在
云南蔗区的应用前景

甘蔗产业是云南边疆少数民族地区脱贫致富的支柱产业。云南有 11 个州（市）、40 余个县（市）种蔗产糖，超过 128 万农户、600 万农民参与种庶，全省拥有 17 户制糖产业集团、4.5 万产业工人。近年来，云南积极开展了甘蔗地膜全覆盖、甘蔗测土配方施肥、甘蔗缓（控）释高效低毒农药等轻简高效生产技术的研究与应用工作，取得了较好的应用效果，深受制糖企业和蔗农欢迎。2015 年 6 月，国家发展改革委、农业部会同有关部门制定了《糖料蔗主产区生产发展规划（2015—2020 年）》，规划在云南、广西两大糖料蔗主产省份打造糖料蔗核心产区，明确提出要加强甘蔗科技创新，全面推广甘蔗综合农艺技术。因此，在云南加快推进甘蔗轻简高效生产技术发展对实现产业转型升级具有重要的促进作用。

一、甘蔗轻简高效生产技术是产业发展的迫切需要

近年来，随着农村劳动力的转移和城镇化进展加快，云南蔗区劳动力明显不足，加上农膜、肥料、农药等生产物资价格上调，甘蔗生产用工和物资成本逐年上涨；另外，费工费时的传统甘蔗生产技术在节水、减肥、控药等方面存在不足，在甘蔗生长周期中土壤水分利用率低，化肥和农药施用次数多、用量大，造成甘蔗生产成本增加和产业效益下滑，对甘蔗产业的可持续发展带来一定的压力。

在《糖料蔗主产区生产发展规划（2015—2020 年）》中明确提出，加快糖料科技进步和创新，全面推广应用甘蔗综合农艺技术。在甘蔗农艺技术推广过程中，要求重点应用降解地膜全膜覆盖技术、复合肥施用技术、病虫害综合防治技术等，强化技术集成和配套。"十二五"以来，临沧南华糖业有限公司率先在云南开展甘蔗轻简高效生产技术试验示范工作，取得了明显的示范效果，促进了临沧南华蔗区甘蔗生产的发展，主要表现在几个方面：一是甘蔗除草地膜全覆盖技术的应用，充分利用了地表水分和雨水，有减少蒸发和定点定向滴灌的双重作用，同时还具有保水保肥、增温增湿、除草控草的作用，有明显的增产效果；二是甘蔗测土配方施肥技术的应用，

2010年以来共采集蔗区土样样品1 742份并进行化验分析，建立了蔗区土壤养分数据库，为各制糖企业蔗区提供了最优的配方并进行推广应用；三是甘蔗缓（控）释高效低毒农药的筛选，已筛选出防治螟虫、蚜虫的3.6％杀虫双颗粒剂、30％氯虫·噻虫嗪悬浮剂、40％氯虫·噻虫嗪水分散粒剂、防治蔗龟和白蚁的8％毒·辛颗粒剂等。通过以上单项技术的集成，形成了系统的甘蔗轻简高效生产技术，在临沧蔗区实现了规模化的应用，实现了增产提效，辐射带动了全省加速推广应用甘蔗轻简高效生产技术的步伐。据统计，仅在临沧南华蔗区，2013/2014榨季就完成了甘蔗轻简高效生产技术应用面积2 128.4hm²，2014/2015榨季完成了4 564.7hm²，2015/2016榨季完成了8 204.0hm²，2016/2017榨季年完成了13 333.3hm²，2017/2018榨季完成了24 253.5hm²。

在甘蔗生产过程中，减少劳动力的密集投入、简化甘蔗生产的技术措施、降低甘蔗生产成本，同时达到甘蔗增产的效果，实现甘蔗生产节本增效和蔗农收益最大化，是云南甘蔗产业转变发展方式的迫切需要。因此，逐渐实现甘蔗生产向轻简高效方向发展已成云南甘蔗产业发展的趋势。

二、当前面临的主要问题

（一）甘蔗生产物资成本高，甘蔗生产成本投入增加

应用甘蔗轻简高效生产技术，可有效地省时省工，但会增加生产物资投入，主要涉及的生产物资投入有甘蔗宽幅地膜、缓（控）释肥料和缓（控）释高效低毒农药。按耿马2015年的平均农资价格和用工费计算，轻简高效生产技术需投入除草地膜2 100元/hm²（120kg/hm²、17.5元/kg）、全膜覆盖用工费1 500元/hm²（15个工/hm²，每工100元/日），投入中浓度缓（控）释肥4 050元/hm²（1 500kg/hm²、2.7元/kg），投入缓（控）释高效低毒农药900元/hm²（40％氯虫·噻虫嗪悬浮剂600g/hm²、1.5元/g），累计投入物资和用工成本8 550元/hm²；传统的半膜覆盖栽培技术需投入普通地膜

660 元/hm² （60kg/hm²、11.0 元/kg）、半膜覆盖用工费 1 500 元/hm²（15 个工/hm²，每工 100 元/日），投入普通复合肥 3 600 元/hm²（1 800kg/hm²、2.0 元/kg），投入农药 570 元/hm²，投入中耕管理用工费 1 500 元/hm²（施肥培土 15 个工/hm²，每工 100 元/日），累计投入物资和用工成本 7 830 元/hm²；轻简高效生产技术较传统的半膜覆盖栽培技术增加生产成本投入 720 元/hm²。

（二）不降解的甘蔗地膜全覆盖容易造成蔗地环境污染

应用甘蔗轻简高效生产技术实现了甘蔗全生育期全覆盖，对增温、保湿、保肥、集雨、除草都起到了显著作用，促进了甘蔗早生快发，甘蔗出苗、发株早，加快了甘蔗生长，同时抑制了杂草生长而不影响甘蔗生长。在几年的应用实践中，发现甘蔗除草地膜全覆盖能有效地保障甘蔗全生育期，甚至第一季宿根都不进行揭膜，地膜长期留在甘蔗地中无法降解。即使是甘蔗收获后，对甘蔗叶进行火烧，也无法将地膜全部燃烧，反而使地膜烧成一个个的小塑料团继续残留在甘蔗地中。这些长期积累下的无法降解的地膜，对蔗地土壤结构和甘蔗生长等都造成了不利的影响，同时在进行宿根甘蔗翻蔸耕整地时，也给犁地、耙地带来很大的麻烦，残留的地膜会缠住犁和耙，影响作业效率。在甘蔗生产管理过程中，不进行揭膜或者焚烧地膜均存在环境污染问题，而且随着时间的推移，这种污染问题将会更加突出。

（三）宿根甘蔗留桩高，不利于全膜覆盖，管理成本增加

长期以来，甘蔗的收获主要以人工砍收为主，收获的工具主要有砍蔗刀和锄头。在人工砍收甘蔗原料的过程中，用砍蔗刀砍收时，常常容易在地面上留下几厘米高的蔗桩，而且砍口不平整，间接地降低了甘蔗原料的产量和蔗糖分，同时也给宿根甘蔗管理特别是盖膜带来了不便。2010 年以来，随着蔗区全膜覆盖技术的推广应用，为了更好地对宿根甘蔗进行施肥、施药、培土和盖膜管理，目前在甘蔗主产区的主要措施是，用锄头或铲蔸机对留在地面上或

地面下几厘米高的蔗桩进行人工清理或机械铲除。这样的管理方法虽取得了一定的效果，方便了地膜全覆盖并提高了宿根甘蔗的发株率，但也增加了宿根甘蔗的管理成本并浪费了基部高糖分的甘蔗原料，无形中损失了蔗农的种蔗收益，也增加了宿根管理成本，还降低了制糖企业的工业入榨量、出糖率和产糖量。因此，在甘蔗原料砍收时，砍收方法不当会使保留蔗桩高，不利于甘蔗轻简高效生产技术的推广应用。

三、发展措施建议

（一）加大政策扶持力度，促进甘蔗轻简高效生产技术快速发展

甘蔗轻简高效生产技术的快速发展离不开地方政府和制糖企业的大力扶持。在前期生产物资投入加大的情况下，要加快推进云南甘蔗轻简高效生产技术发展的步伐，需要进一步加大对产业的政策扶持力度，如临沧的镇康在 2015 年对甘蔗全膜覆盖技术进行政策扶持，县政府扶持 1 500 元/hm²，勐堆糖厂补助 750 元/hm²；保山的昌宁在 2015 年对新植甘蔗全膜覆盖技术进行了政策扶持，县财政补助 3 000 元/hm²，全县完成甘蔗全膜覆盖面积 714.8hm²，完成了计划任务的 214.4%。另外，制糖企业对蔗农提供的肥料、农药及生产专项扶持资金等，在很大程度上减少了蔗农的生产物资投入并调动了蔗农应用甘蔗轻简高效生产技术的积极性，促进了甘蔗新技术快速推广应用。同时，云南各职能部门也加大了项目的扶持力度，如省科技厅的重大专项，省发改委、农业农村厅的核心基地建设项目等，加强了甘蔗轻简高效生产技术的研发和推广应用，促进了产业的发展。

（二）加快廉价轻简高效物资研发，降低甘蔗生产成本

高浓度缓（控）释肥、缓（控）释高效低毒农药和降解除草地膜等甘蔗轻简高效物资是甘蔗生产实现轻简高效的重要保障。目前，甘蔗轻简高效物资的高价格是甘蔗生产高投入的重要原因之

一，如氮、磷、钾含量为 54% 的高浓度缓（控）释肥在耿马的价格为 4 200 元/t、光降解除草地膜为 19 000 元/t、完全生物降解除草地膜为 35 000 元/t 等。只有通过进一步地加大甘蔗轻简高效物资的研发力度，降低轻简高效物资的生产成本，实现轻简高效物资市场价格平民化，才能有效地推进甘蔗轻简高效物资的推广应用。同时，在甘蔗生产过程中，施用甘蔗高浓度缓（控）释肥可提高肥料利用率并降低肥料用量，实现减施提效的目的；使用光降解除草地膜特别是完全生物降解除草地膜，可省去中耕管理揭膜工序并避免环境污染问题，是甘蔗绿色生产技术的重要发展方向。

（三）开展甘蔗全膜覆盖机械攻关，实现机械覆全膜

随着云南蔗区劳动力的减少和用工成本的逐年上涨，应用机械替代人工进行甘蔗生产已成为甘蔗产业发展的一种必然趋势。2015—2020 年，我国规划在云南主产区进行糖料蔗核心基地建设，规模为 13.3 万 hm^2，对蔗区进行土地平整或坡改梯，为甘蔗生产实现全程机械化搭建平台。目前，在云南甘蔗种植过程中，在地势相对平缓的蔗区基本上都能实现耕地、耙地和开沟、下种、施肥、施药、盖半膜等半机械化，而甘蔗机械盖全膜的技术还处于研发初期。近年来，耿马南华华侨糖业有限公司在甘蔗机械盖全膜推广应用方面开展了一些尝试，但机械盖全膜的覆土效果不好。因此，希望甘蔗农机研究机构、农机制造公司能与制糖企业加强科技合作，共同开展甘蔗全膜覆盖机械的攻关研究，及早实现全膜覆盖机械化，减轻甘蔗全膜覆盖用工强度并降低成本。

（四）推广快锄低砍技术，促进宿根甘蔗管理轻简化

宿根甘蔗管理是甘蔗生产中的一项重要栽培制度，快锄低砍技术则是宿根甘蔗获得高产高糖的重要措施之一，也为宿根甘蔗全膜覆盖提供良好的覆膜条件。2008/2009 榨季，临沧甘蔗技术推广站的王文荣等（2011）先后在幸福、耿马、华侨和勐永 4 个蔗区，选

择不同田块、不同种植类型、不同熟期和不同茎型的 10 个甘蔗品种进行对比调查测定，结果表明，应用快锄低砍技术砍收甘蔗，平均比传统的齐地面砍收或略高于地面砍收方法多收甘蔗 4 010.3kg/hm²，扣除额外增加的投入，蔗农可增收 822.1 元/hm²。推广快锄低砍技术，不仅提高了甘蔗原料的产量和宿根甘蔗的发株率，而且还在蔗沟蔗蔸处留下了一个几厘米深的小坑，为宿根糖料甘蔗施肥提供了一个很好施肥坑，可免去宿根甘蔗破垄松蔸的重要工序，节约了破垄松蔸管理用工成本。在进行宿根甘蔗管理时，直接将宿根甘蔗所需的肥料农药一次性施入小坑中，极大了简化了宿根甘蔗管理程序，降低了蔗农生产成本。

第二节　不同轻简高效栽培模式对弥勒蔗区甘蔗产量和蔗糖分的影响

随着城镇化进程加快，农村劳动力已面临严重短缺的态势，轻简高效栽培技术作为一项省时省工的生产技术深受研究者和农民的关注。目前，机械化、地膜覆盖、缓（控）释肥等轻简高效栽培技术已在许多作物上得到广泛应用，如水稻、油菜、棉花、烟草等。采用轻简高效栽培技术可简化生产环节、降低劳动强度、减少人工投入，显著提高产量及经济效益。2010 年以来，甘蔗应用轻简高效栽培技术显著提高了土壤温湿度、肥料利用效率，减少了劳动支出，提高了产量和效益等。甘蔗轻简高效栽培技术的广泛应用主要得利于轻简高效生产物资及其配套技术的迅速发展，如甘蔗缓（控）释肥一次施用技术、甘蔗除草地膜全覆盖技术等。地膜覆盖结合施肥等技术措施，可充分发挥技术之间的互作效应，增产效果显著。云南甘蔗主产区是国家糖料蔗核心基地，地膜全覆盖技术被广泛应用于糖料甘蔗生产中，缓（控）释肥也在逐年加大推广力度。一些研究者对甘蔗光降解除草地膜覆盖的应用推广效果及效益，以及甘蔗施用缓（控）释肥和复混肥的效果进行了研究，但不同施肥和覆膜方式对甘蔗产量及经济效益影响的理论研究较为薄弱，在一定程度上影响了对该项技术的推广应用。本研究重点探讨了不同施肥和覆膜方式对甘蔗产量及经济的影响，以期为糖料蔗核心基地发展甘蔗轻简高效栽培模式提供理论依据。

一、不同轻简高效栽培模式对甘蔗农艺性状的影响

（一）苗量

苗量是甘蔗获得高产的前提条件。由表 7-1 可以看出，采用全膜覆盖栽培的 3 个处理甘蔗苗量多，均优于对照。其中，A 处理与 B、CK 处理的苗量差异显著，与 C 处理的苗量无显著差异；B 处理与 CK 处理的苗量差异显著，与 C 处理的苗量无显著差异。

表 7-1　各处理间甘蔗的农艺性状

处理	苗量/株	出苗率/%	分蘖率/%	株高/cm	茎径/cm	有效茎数/(株/hm²)
A	214a	49.46a	162.79a	267.9	2.69ab	122 220a
B	180b	41.74b	132.02a	266.6	2.84a	105 375a
C	198ab	45.91ab	139.63a	267.7	2.74ab	109 635a
CK	122c	28.32c	37.09b	213.6	2.62b	71 385b

注：A 代表两次施肥＋普通地膜；B 代表一次施肥＋光降解除草地膜；C 代表两次施肥＋光降解除草地膜；CK 代表两次施肥＋不覆膜。同列数据后不同小写字母表示在 0.05 水平上存在显著性差异，下同。

（二）出苗率

由表 7-1 可以看出，采用全膜覆盖栽培的 3 个处理甘蔗出苗率高，均高于对照。其中，A 处理与 B、CK 处理的出苗率差异显著，与 C 处理的出苗率无显著差异；B 处理与 CK 处理的出苗率差异显著，与 C 处理的出苗率无显著差异。

（三）分蘖率

甘蔗分蘖率主要与品种特性有关，但栽培管理措施也可以影响甘蔗分蘖。由表 7-1 可以看出，采用全膜覆盖栽培的 3 个处理甘

蔗分蘖多，均显著高于对照。其中，A、B、C 处理间的分蘖率无显著差异。

（四）株高、茎径、有效茎数

由表 7-1 可以看出，甘蔗株高各处理间差异不显著。各处理间甘蔗茎径有显著差异，其中 A、B、C 三个处理间无显著差异，A、C、CK 三个处理间无显著差异，以 B 处理茎径最大，为 2.84cm。各处理间甘蔗有效茎数有显著差异，其中 A、B、C 三个处理间无显著差异，但显著多于对照处理。

二、不同轻简高效栽培模式对甘蔗生长速度的影响

甘蔗伸长期为 6—10 月，其中 6、7、8 月伸长最快。由于本试验对照处理出苗状况相对较差，从 7 月开始拔节，所以试验生长速度统一从 7 月开始调查。从表 7-2 可知，7 月全膜覆盖栽培的 A、B、C 3 个处理中株高均高于不盖膜栽培的 CK 处理，其中 A、B 处理的株高显著高于 CK 处理，C 与 CK 处理间无显著差异；8、9、10 月各处理间株高无显著差异。8—9 月生长速度以 CK 最快，月生长速度达 37.2cm，其次是 C 处理，B、A 处理最慢；其中 CK 处理生长速度显著快于 B、A 处理，C 与 CK 处理间无显著差异，A、B、C 处理间无显著差异。7—8 月和 9—10 月各处理间生长速度无显著差异，其中 7—8 月生长速度达 60.3～64.2cm，9—10 月生长速度达 25.3～30.4cm。

表 7-2 各处理间甘蔗伸长期的株高及生长速度

处理	7 月株高/cm	8 月株高/cm	7—8 月生长速度/cm	9 月株高/cm	8—9 月生长速度/cm	10 月株高/cm	9—10 月生长速度/cm
A	137.0a	200.9	63.9	230.1	29.1b	256.0	25.9
B	139.5a	201.1	61.6	230.7	29.6b	256.0	25.3
C	122.0ab	186.2	64.2	220.8	34.5ab	251.2	30.4
CK	75.8b	136.1	60.3	173.3	37.2a	201.0	27.7

三、不同轻简高效栽培模式对甘蔗产量及蔗糖分的影响

甘蔗产量是直接关系到蔗农收益的最重要指标。从表 7 - 3 可以看出，各处理间实测产量存在显著差异，其中 A、B、C 三个处理间产量无显著差异，但显著多于对照处理，比对照增产 $44.88 \sim 60.68 t/hm^2$。蔗糖分是影响制糖企业出糖率的重要指标。从表 7 - 3 可以看出，各处理间蔗糖分为 $12.85\% \sim 14.11\%$，无显著差异。

表 7 - 3　各处理间实测产量和蔗糖分

处理	产量/(t/hm²)	比 CK±/(t/hm²)	蔗糖分/%	比 CK±/%
A	121.91a	60.68	12.85a	−0.84
B	106.11a	44.88	13.34a	−0.35
C	107.61a	46.38	14.11a	0.42
CK	61.23b		13.69a	

四、不同轻简高效栽培模式的经济效益分析

甘蔗轻简高效栽培技术可充分利用现代轻简高效生产物资的优势，简化甘蔗生产环节，减少甘蔗生产用工，提高甘蔗生产效率，增加蔗农经济效益。原料蔗价格按 2014/2015 榨季的平均价 430 元计算，各处理的甘蔗产值见表 7 -4。从表 7 -4 可以看出，在地膜全覆盖的模式下，普通地膜和光降解除草地膜全覆盖均较不盖膜模式的纯收益显著增加，增加纯收益达 10 627.95 ～ 13 984.95 元/hm²；在光降解除草地膜全覆盖模式下，甘蔗一次施肥与两次施肥处理新增纯收益相当，但普通地膜全覆盖模式明显高于光降解地膜全覆盖模式，这可能受光降解地膜在苗期后开始降解的影响，在一定程度上影响了地膜的保温保墒性能。

表 7 - 4　各处理的甘蔗经济效益

处理	甘蔗产量/ （t/hm²）	甘蔗产值/ （元/hm²）	用工成本/ （元/hm²）	物资成本/ （元/hm²）	生产成本 合计/ （元/hm²）	新增纯 收益/ （元/hm²）	比 CK±/ （元/hm²）
A	121.91	52 422.45	23 159.55	10 751.25	33 910.80	18 511.65	13 984.95
B	106.11	45 626.70	18 605.55	11 866.50	30 472.05	15 154.65	10 627.95
C	107.61	46 272.00	19 254.75	11 326.50	30 581.25	15 690.90	11 164.20
CK	61.23	26 330.70	12 466.50	9 337.50	21 804.00	4 526.70	

注：工费按每人每天 8 小时 50 元；拖拉机从整地到开沟按 1 200 元/hm² 计算。物资价格按桂糖 32 450 元/t；复合肥 2.0 元/kg，缓释肥 2.3 元/kg，尿素 2.25 元/kg；普通地膜 14.5 元/kg，光降解除草地膜 17.0 元/kg。甘蔗砍收 120 元/t。

五、讨论与结论

冬春干旱是影响云南蔗区甘蔗出苗的主要限制因子。地膜覆盖从提高蔗田土壤温度、土壤含水量两个方面改善了甘蔗种芽的萌发生长环境，从而为甘蔗高产奠定了良好基础。本试验研究表明，相对于不覆膜栽培模式，采用全膜覆盖栽培模式能显著提高甘蔗出苗率、分蘖率、有效茎数和产量，但蔗糖分差异不显著。这一结果与刀静梅等（2015）、刘少春等（2015）、唐吉昌等（2015）、李成宽等（2017）对云南旱地甘蔗全膜覆盖栽培技术的研究结果较为一致。由此说明，在云南冬春干旱已成常态化的蔗区，推广应用地膜全覆盖技术是改善蔗田土壤环境和保障甘蔗有效苗量的有效栽培措施。

随着甘蔗生产方式的转变，缓（控）释肥技术在甘蔗生产中得到了较快发展。缓（控）释肥可减少施肥次数和施肥量，实现一次性施肥满足甘蔗整个生育期的养分需求，从而减少甘蔗中耕施肥管理，将传统的两次施肥（一次基肥、一次追肥）改变为一次施肥（一次基肥）。本试验研究表明，在地膜全覆盖模式下，甘蔗复合肥两次施肥处理新增纯收益高于缓（控）释肥一次施肥处理，但复合肥两次施肥＋普通地膜全覆盖处理明显高于缓（控）释肥一次施肥（或复合肥两次施肥）＋光降解除草地膜全覆盖处理。这一结果与李翠英等（2012）、吴洁敏等（2015）对缓（控）释肥在甘蔗上的应用效果的研究结果较为一致，但由于甘蔗普通地膜全覆盖和复合肥两次施肥需要增加中耕管理的揭膜和追肥用工，不利于甘蔗生产轻简化。普通地膜覆盖栽培较光降解除草地膜覆盖栽培增温保墒效果好，加上光降解地膜在苗期后就开始降解，到拔节期基本降解完成，保温保墒效果差导致甘蔗出苗、分蘖相对较少。但是，光降解除草地膜相对普通地膜能够自然降解，不会造成"白色污染"，更加环保，有利于推动甘蔗绿色技术发展。因此，在产量无显著差异的情况下，从甘蔗轻简化生产和环保的角度出发，甘蔗光降解除草地膜全覆盖＋缓（控）释肥一次施肥模式更有利于促进甘蔗轻简高效生产和蔗区生态环境保护。

本试验研究结果表明，新植甘蔗桂糖 32 采用两次施肥＋普通地膜、一次施肥＋光降解除草地膜、两次施肥＋光降解除草地膜三种栽培模式的出苗率、分蘖率、有效茎数、产量和经济效益显著高于两次施肥＋不盖膜栽培模式，且 3 种全覆盖栽培模式的产量和经济效益无显著差异。在全膜覆盖栽培模式下，无论是缓（控）释肥一次施肥还是复合肥两次施肥处理，都有明显的增产增收效果。为了甘蔗生产更加轻简化，减少蔗农中期管理环节，建议蔗区推广应用缓（控）释肥一次施肥＋光降解除草地膜全覆盖的轻简高效栽培模式。由于不同类型蔗区对缓（控）释肥的配方要求不一样，生产上要根据各类型蔗区的测土配方情况选择适宜的甘蔗专用缓（控）释肥配方。

第三节　甘蔗新品种在耿马蔗区轻简栽培的产量及经济效益比较

甘蔗品种是蔗糖产业发展的基础，甘蔗优良品种不仅单产高、糖分高，而且获得经济效益也高。国内外蔗糖生产发展的历史经验表明，甘蔗品种只有不断更新，才能促进产业持续发展。甘蔗品种改良更新对蔗糖生产的作用十分显著，据统计，甘蔗良种的科技贡献率为 60% 以上。新中国成立以来，我国甘蔗生产经历了 3 次品种改良更新，每次改良更新都显著提高了甘蔗单产，甘蔗单产从新中国成立初期的 $21.5t/hm^2$ 提高到 2001 年的 $75.2t/hm^2$。20 世纪 80～90 年代以来，大陆开始从台湾引进新台糖系列（ROC）新品种；21 世纪以来，ROC 22 等品种在大陆大面积推广，相继成为各主产蔗区主栽品种。目前，由于 ROC 22 在我国长期种植，品种退化严重，普遍感染黑穗病，需加强新品种选育与推广，尽快培育出新品种以取代部分 ROC 22。为改变我国甘蔗品种单一化现状，国内甘蔗科研单位开展了高产高糖甘蔗品种的育种攻关研究和区域化试验筛选工作，试验筛选出云蔗 05 - 51、云蔗 05 - 49、柳城 05 - 136、柳城 03 - 1137、福农 38、福农 39、福农 40、粤糖 00 - 236、粤糖 60、桂糖 31、桂糖 35、德蔗 03 - 83 等一批高产高糖新品种，在各区试点综合表现优良。近年来，粤糖 00 - 236、柳城 05 - 136、云蔗 05 - 51、福农 38 等新一代自育品种已在主产蔗区推广应用，并取得了较好成效。

良法是甘蔗良种获得高产、高糖的重要保障。随着我国城镇化进程加快，蔗区劳动力长期短缺，精细化栽培难以实施，甘蔗单产提高甚微。甘蔗轻简栽培是提高蔗茎产量和种蔗经济效益的综合农艺措施之一，是现代甘蔗产业发展的一种趋势。近年来，随着甘蔗除草地膜、甘蔗缓（控）释肥等轻简物资及其配套栽培技术的迅速发展，甘蔗除草地膜全覆盖技术、甘蔗缓（控）释肥一次施用技术及综合集成技术得到大面积示范应用。赵俊等（2016）研究表明，在甘蔗地膜全覆盖栽培下，甘蔗新品种云蔗 05 - 51、柳城 05 - 136 在耿马蔗区表现出良好的适应性，丰产、稳产性能好；应用灰色关联度多维综合评估法对其进行综合分析，发现 2 个新品种的水田综合评估关联度分别达 0.928、0.860，旱地综合评估关联度分别为 0.881、0.755，综合性状表现优良。邓军等（2017）研究表明，应用不同轻简高效栽培模式后，甘蔗新品种桂糖 32 在云南弥勒蔗区表现出明显的增产增收效果。

耿马是云南植蔗面积最大的县，是甘蔗轻简栽培技术的核心示范区，辐射带动了云南省轻简栽培技术的快速发展。目前，轻简栽培模式在云南蔗区已推广应用 3.33 万 hm^2 以上，并受到蔗农、蔗糖企业和行政管理部门的青睐，但轻简栽培模式下不同甘蔗新品种在耿马蔗区产量及经济效益的比较研究鲜见报道。本试验对不同甘蔗新品种轻简栽培的产量及经济效益指标进行研究，旨在进一步筛选适宜采用轻简栽培模式的甘蔗新品种，为甘蔗新品种轻简化栽培提供参考。

一、甘蔗新品种的产量性状及蔗茎产量的比较

甘蔗产量构成因素主要是单位面积上的株高、茎径和有效茎数。由表 7-5 可知，甘蔗新品种与对照相比，在株高、茎径、有效茎数等产量性状表现上，没有一个品种的产量性状全部超过对照。在株高上，云蔗 05-51 显著高于对照，高 27.85cm；福农 40 与对照没有显著差异；其他新品种均显著低于对照。在茎径上，云蔗 05-49、柳城 03-1137、福农 40 显著大于对照，粗 0.21~0.31cm；福农 38、桂糖 35 显著低于对照，细 0.37~0.40cm；其他新品种与对照没有显著差异。在有效茎数上，福农 38、桂糖 35、桂糖 31、德蔗 03-83 显著多于对照，多 10 110~21 195 条/hm^2，其他新品种与对照没有显著差异。在理论蔗茎产量上，福农 40 显著高于对照，高 17.70t/hm^2；福农 38 显著低于对照，低 37.80t/hm^2；其他新品种与对照没有显著差异。说明，轻简栽培下 10 个甘蔗新品种的产量性状及蔗茎产量均有显著差异，而蔗茎产量又受株高、茎径和有效茎数等产量性状共同影响，单一产量性状表现好，蔗茎产量不一定高。

表 7-5 不同甘蔗新品种在轻简栽培模式下的农艺性状

品种	株高/cm		茎径/cm		有效茎数/ （条/hm^2）		理论蔗茎产量/ （t/hm^2）	
	平均值	比 CK±	平均值	比 CK±	平均值	比 CK±	平均值	比 CK±
云蔗 05-51	322.71a	27.85	2.68d	-0.13	67 815c	4 050	123.60ab	7.05
云蔗 05-49	275.89cd	-18.97	3.02a	0.21	61 050d	-2 715	120.75ab	4.20

（续）

品种	株高/cm		茎径/cm		有效茎数/（条/hm²）		理论蔗茎产量/（t/hm²）	
	平均值	比CK±	平均值	比CK±	平均值	比CK±	平均值	比CK±
柳城 03 - 1137	264.93d	−29.93	3.12a	0.31	60 000d	−3 765	121.05ab	4.50
柳城 05 - 136	266.33d	−28.53	2.91abc	0.10	68 430c	4 665	121.65ab	5.10
福农 40	286.56bc	−8.30	3.06a	0.25	63 765cd	0	134.25a	17.70
福农 38	230.79e	−64.07	2.41e	−0.40	74 745b	10 980	78.75d	−37.80
桂糖 35	258.93d	−35.93	2.44e	−0.37	84 960a	21 195	103.05c	−13.50
桂糖 31	230.68e	−64.18	2.95ab	0.14	75 375b	11 610	118.80b	2.25
德蔗 03 - 83	267.92d	−26.94	2.75cd	−0.06	73 875b	10 110	117.60b	1.05
粤糖 60	263.17d	−31.69	2.99ab	0.18	67 365c	3 600	124.80ab	8.25
新台糖 22(CK)	294.86b		2.81bcd		63 765cd		116.55bc	

注：同列数据后不同小写字母表示在 0.05 水平下差异显著，下同。

二、甘蔗新品种的蔗糖分和含糖量的比较

单位面积含糖量由单位面积蔗茎产量和蔗糖分决定。轻简栽培下不同甘蔗品种蔗糖分和含糖量的比较结果见表 7 - 6。在蔗糖分上，不同甘蔗品种的平均蔗糖分有显著差异，其中云蔗 05 - 51、云蔗 05 - 49、桂糖 35 显著高于对照，高 1.63～2.47 个百分点（绝对值）；福农 40、桂糖 31 显著低于对照，低 0.98～1.72 个百分点（绝对值）；其他新品种与对照没有显著差异。在理论含糖量上，云蔗 05 - 51、云蔗 05 - 49 显著高于对照，高 3.30～3.75t/hm²；福农 38 显著低于对照，低 3.45t/hm²；其他新品种与对照没有显著差异。说明，不同甘蔗新品种的蔗糖分差异较大，且蔗糖分并不是影响含糖量最大的指标；单位面积蔗茎产量对单位面积含糖量贡献更大。

表 7-6　不同甘蔗新品种在轻简栽培模式下的蔗糖分和含糖量

品种	蔗糖分/%		理论含糖量/(t/hm²)	
	平均值	比 CK±	平均值	比 CK±
云蔗 05-51	12.71a	2.47	15.75a	3.75
云蔗 05-49	12.61a	2.37	15.30ab	3.30
柳城 03-1137	10.32cd	0.08	12.45cd	0.45
柳城 05-136	11.07bc	0.83	13.50bc	1.50
福农 40	8.52f	-1.72	11.40cd	-0.60
福农 38	10.77cd	0.53	8.55e	-3.45
桂糖 35	11.87ab	1.63	12.15cd	0.15
桂糖 31	9.26ef	-0.98	10.95d	-1.05
德蔗 03-83	9.90de	-0.34	11.70cd	-0.30
粤糖 60	10.27cd	0.03	12.75cd	0.75
新台糖 22（CK）	10.24cd		12.00cd	

三、甘蔗新品种的经济效益分析

　　种蔗经济效益大小顺序为：福农 40＞粤糖 60＞云蔗 05-51＞柳城 05-136＞柳城 03-1137＞云蔗 05-49＞桂糖 31＞德蔗 03-83＞新台糖 22（CK）＞桂糖 35＞福农 38（表 7-7）。与对照相比，除福农 38、桂糖 35 外，种植其他 8 个甘蔗新品种的经济效益均高于对照，差异达 315.00～5 310.00 元/hm²。种蔗经济效益最高的为福农 40，与对照差异显著；而福农 38 显著低于对照，且成本大于产值；种植其他新品种与对照没有显著差异。可见，在轻简栽培模式下，种植不同甘蔗新品种的经济效益差异较大，甚至出现投入大于产出的情况，但大部分甘蔗新品种经济效益与对照相当。

表 7-7　不同甘蔗新品种在轻简栽培下的经济效益

品种	农业产值/(元/hm²)	农业投入成本/(元/hm²)				种蔗经济效益/(元/hm²)	比CK±
		租地成本	种植成本	砍收成本	小计		
云蔗05-51	51 912.00ab	3 750.00	26 340.00	14 832.00	44 922.00	6 990.00ab	2 115.00
云蔗05-49	50 715.00ab	3 750.00	26 340.00	14 490.00	44 580.00	6 135.00ab	1 260.00
柳城03-1137	50 841.00ab	3 750.00	26 340.00	14 526.00	44 616.00	6 225.00ab	1 350.00
柳城05-136	51 093.00ab	3 750.00	26 340.00	14 598.00	44 688.00	6 405.00ab	1 530.00
福农40	56 385.00ab	3 750.00	26 340.00	16 110.00	46 200.00	10 185.00a	5 310.00
福农38	33 075.00d	3 750.00	26 340.00	9 450.00	39 540.00	−6 465.00d	−11 340.00
桂糖35	43 281.00c	3 750.00	26 340.00	12 366.00	42 456.00	825.00c	−4 050.00
桂糖31	49 896.00b	3 750.00	26 340.00	14 256.00	44 346.00	5 550.00b	675.00
德蔗03-83	49 392.00b	3 750.00	26 340.00	14 112.00	44 202.00	5 190.00b	315.00
粤糖60	52 416.00ab	3 750.00	26 340.00	14 976.00	45 066.00	7 350.00ab	2 475.00
新台糖22(CK)	48 951.00bc	3 750.00	26 340.00	13 986.00	44 076.00	4 875.00bc	

注：按耿马 2015/2016 榨季糖料甘蔗最低收购价 420 元/t，试验区地租价格 3 750 元/hm²，机械化犁耙开沟 3 600 元/hm²，肥料 6 300 元/hm²，种苗 9 000 元/hm²，地膜 2 040 元/hm²，农药 900 元/hm²，甘蔗种植加盖膜人工费用 4 500 元/hm²，甘蔗砍收 120 元/t。

四、讨论与结论

本试验参试的 10 个甘蔗新品种是国家糖料体系近几年育成的新品种，先后在广西崇左、云南临沧等主产蔗区进行了区域试验和生产示范，产量、蔗糖分性状表现优良。杨绍聪等（2013）和唐吉昌等（2014）研究表明，云蔗 05-51、柳城 03-1137、福农 38、粤糖 60、桂糖 35 在云南临沧蔗区甘蔗产量、蔗糖分性状表现较好。俞华先等（2013）和李嫒甜等（2016）等研究表明，云蔗 05-51、云蔗 05-49、柳城 03-1137 在云南瑞丽、陇川蔗区综合性状表现较好，适宜在气候湿润的生态蔗区及其气候相似蔗区推广应用。黄小凤等（2014）和黄梅燕等（2013）研究表明，福农 38、柳城 05 - 136、德蔗 03 - 83 在广西崇左蔗区工农艺性状表现优良。罗俊等（2013）采用 GGE 双标图分析甘蔗新品种在 7 个国家区试点的产量和品质性状后发现，云蔗 05 - 51 为蔗茎产量高且稳定性强的品种，其蔗糖分和产糖量较高；柳城 03 - 1137 为蔗茎产量和产糖量较高的品种；福农 38 为蔗茎产量、蔗糖分和产糖量较高，但稳定性较差的品种。

最理想的甘蔗品种具有高产高糖、稳产性好、适应性广等特点，甘蔗良种配套良法技术才能充分发挥其高产、高糖优良种性潜力。近年来，在云南临沧蔗区特别是耿马蔗区甘蔗良种配套轻简栽培技术大面积示范的结果表明，甘蔗单产提高了 25.50t/hm²，增产效果显著。本试验中 10 个甘蔗新品种采用轻简栽培，在蔗茎产量方面，福农 40 显著高于对照，福农 38 显著低于对照，其他品种与对照没有显著差异；在蔗糖分方面，云蔗 05 - 51、云蔗 05 - 49、桂糖 35 显著高于对照，福农 40、桂糖 31 显著低于对照，其他品种与对照没有显著差异；在含糖量方面，云蔗 05 - 51、云蔗 05 - 49 显著高于对照，福农 38 显著低于对照，其他品种与对照没有显著差异。在甘蔗新品种推广应用中，蔗农和制糖企业认可既高产又高糖的甘蔗品种，而高产低糖、低产高糖品种不宜推广应用。综合考虑蔗茎产量、蔗糖分和含糖量指标，适宜轻简栽培的甘蔗新品种有云蔗 05 - 51、云蔗 05 - 49、柳城 05 - 136、柳城 03 - 1137、桂糖 35、德蔗 03 - 83、粤糖 60。福农 40 在本试验中表现为高产低糖，低糖表现可能受该品种晚熟种性影响，该结果与张宏春等（2017）的研究结果一致。徐良年等（2014）的研究结果表明，福农 38 出苗好、分蘖强、丛生性好、有效茎多，需多次施肥才能满足分蘖成茎和前中期快速生长所需养分；罗俊等（2013）的研究结果表明，福农 38 蔗茎产量、蔗糖分和产糖量稳定性较差，在本试验轻简栽培条件下，由于一次性施肥，该品种出苗率低，前中期生长缓慢，后期表现低产，高产潜力未能挖掘。桂糖 31 是宿根性强、丰产、高糖品种，适宜在广西各蔗区种植，最好在 2 月采用地膜覆盖种植，本试验中桂糖 31 前期蔗糖分不高，蔗茎产量与对照相当。

种蔗经济效益是体现蔗农经济收入的重要指标。地膜全覆盖栽培、缓（控）释肥一次施肥等轻简栽培技术是提高蔗农经济收入的有效措施。邓军等（2017）的研究结果表明，甘蔗新品种配套轻简栽培技术能显著提高蔗茎产量和种蔗经济效益。从种蔗经济效益看，本试验中 10 个甘蔗新品种与对照相比，除福农 38 外，种植其他 9 个甘蔗品种均有经济效益，达 825.00～10 185.00 元/hm²。在本试验中，种植福农 38 经济效益显著低于对照，与其蔗茎产量显著低于对照有关，即蔗茎产量低，种蔗经济效益就低；种蔗经济效益与蔗茎产量高低呈正相关关系，这与许树宁等（2016）的研究结果一致。

本试验结果表明，在轻简栽培条件下，云蔗 05 - 51、云蔗 05 - 49、柳城 05 - 136、柳城 03 - 1137、桂糖 35、德蔗 03 - 83、粤糖 60 在耿马蔗区的产量和经济效益与对照相当，建议在耿马蔗区或生态环境相似的蔗区配套轻简栽培技术进行推广应用。从整体表现看，以上品种综合表现与 ROC22 相比，某些性状还需改良，尽快选育出全面超过 ROC22 的突破性甘蔗新品种是甘蔗高效、安全生产的当务之急。福农 40、福农 38、桂糖 31 在本试验轻简栽培下，综合表现不如对照，这可能与耿马蔗区的生态环境或采用轻简栽培措施有关，其品种生态适应性或配套栽培技术有待于进一步研究。

第四节　甘蔗轻简高效集成栽培技术在耿马蔗区的应用成效

耿马是国家甘蔗优势发展区域之一，是国家重要的糖料蔗核心基地县之一，是云南甘蔗入榨量百万吨县之一，是云南甘蔗种植面积最大的县。甘蔗产业已成为耿马覆盖面最广的支柱产业。甘蔗产业的发展带动了耿马相关产业的快速发展，为贫困蔗区农民实现产业脱贫致富做出了重要贡献。本节介绍耿马蔗区甘蔗轻简高效集成栽培技术发展的现状。

一、耿马蔗区的基本情况

（一）耿马蔗区概况

耿马地处我国的西南边陲，全县面积为 3 837km²，境内居住着 24 个民族，是云南 29 个少数民族自治县和 25 个边境县之一，有 11 个世居民族，总人口 28 万人，少数民族人口占总人口的 55.2%，全县 90% 以上的土地分布在热带和亚热带，年平均气温为 18.8℃，年降水量为 1 328.1mm，非常适宜甘蔗种植。

（二）耿马甘蔗产业情况

甘蔗产业在耿马的经济发展中具有举足轻重的地位。2016 年，全县 12 万人种植甘蔗，并依靠甘蔗实现了脱贫致富。全县甘蔗种植面积为 2.7 万 hm²，工业产量为 160.78 万 t，实现了农业产值 7.56 亿元、工业产值 11.92 亿元，工农业总产值达 19.48 亿元。2011—2016 年，耿马甘蔗轻简高效集成栽培技术累计推广面积为 1.22 万 hm²。

二、耿马蔗区甘蔗轻简高效集成栽培技术说明

（一）技术背景

现代农业的高速发展，缓（控）释肥、长效低毒农药、除草地膜等新技术的推广应用，为甘蔗轻简高效集成栽培技术提供了可操作性。甘蔗轻简高效集成栽培技术在新植蔗种植时和宿根蔗砍收后将缓（控）释肥、长效低毒农药一次性足量施用后，进行除草地膜全膜覆盖，不再进行中耕管理，直到甘蔗收获。耿马甘蔗轻简高效集成栽培技术有效地解决了甘蔗多次施肥、除草、杀虫等费工费时的问题，降低了劳动者的田间劳作强度，提高了甘蔗产量，增加了蔗农的收益。经过多年的试验研究和示范推广，为轻简高效栽培技术推广奠定了基础。

（二）技术特征

1. 缓（控）释肥技术特征

甘蔗种植时，选择适宜甘蔗生长的缓（控）释肥，一次性足量施用全生育期所需肥料，甘蔗生长时期不再追施肥料。新植蔗在开沟时，开沟深 30～40cm，放入种苗，然后将甘蔗专用缓（控）释肥作为基肥一次性施入沟底，每公顷施入 1 200kg 有效含量为 40％～54％的缓（控）释肥，盖土 10～15cm；宿根蔗在砍收后，进行松蔸，然后将甘蔗专用缓（控）释肥作为基肥一次性施入沟内，每公顷施入 1 200kg 有效含量为 40％～54％的缓（控）释肥，盖土 8～10cm。该技术最大的特征是减少了施肥次数，实现了一次性施肥，节约了施肥用工成本。

2. 长效低毒农药技术特征

甘蔗施肥时，选择长效低毒农药与肥料混合施用，一次性足量施用。在新植蔗和宿根蔗上，选用 40％氯虫·噻虫嗪水分散粒剂、30％氯虫·噻虫嗪悬浮剂、70％噻虫嗪种子处理可分散粒剂等长效低毒农药与缓（控）释肥混匀后，一次性混合施用，在土壤中持续发挥作用，有效地防治整个生育期甘蔗绵蚜和蓟马等害虫，大幅度减轻甘蔗螟虫对甘蔗的危害，促进甘蔗健壮生长。该技术最大的特征是整个甘蔗生育期不再施用其他杀虫剂，减少了施药次数，节约了施药用工成本，同时保障了用药安全。

3. 除草地膜技术特征

甘蔗下种覆土后，选择含有除草剂的除草地膜进行全覆盖，地膜幅宽 1.5m。地膜全覆盖有效地保持了土壤水分，同时具有增温、保肥作用，促进甘蔗早生快发，甘蔗出苗、发株提早一个节令以上。在甘蔗收获后，及时进行地膜回收处理，防止白色污染。除草膜能抑制杂草生长而不影响甘蔗生长，从而给甘蔗生长创造较好的光、温、肥条件。该技术最大的特征是整个生育期期间不用再进行田间除草，不用再使用除草剂。

（三）技术效果

从 2010 年开始，连续 3 年对甘蔗轻简高效集成栽培技术与传统栽培技术进行了对比试验。从表 7-8 可以看出，新植蔗采用轻简高效集成栽培技术后的 3 年平均单产为 101.25t/hm²，平均蔗糖分为 15.69%，单产比传统栽培技术增产 26.1t/hm²，蔗糖分比传统栽培技术增加 0.85 个百分点；宿根蔗采用轻简高效集成栽培技术后的 3 年平均单产为 98.55t/hm²，平均蔗糖分为 15.64%，单产比传统栽培技术增产 25.05t/hm²，蔗糖分比传统栽培技术增加 0.91 个百分点。因此，甘蔗轻简高效集成栽培技术促进了甘蔗产量、蔗糖分的提高。

表 7-8　甘蔗轻简高效集成栽培技术与传统栽培技术对比调查表

试验设计		新植蔗产量/ (t/hm²)	宿根蔗产量/ (t/hm²)	新植蔗蔗糖分/ %	宿根蔗蔗糖分/ %
2010 年	轻简	99.15	97.65	15.55	15.76
	传统	72.90	71.70	14.74	14.65
	增减	+26.25	+25.95	+0.81	+1.11
2011 年	轻简	97.95	96.45	15.63	15.43
	传统	72.45	72.30	14.81	14.66
	增减	+25.50	+24.15	+0.82	+0.77
2012 年	轻简	106.80	101.55	15.89	15.73
	传统	80.25	76.65	14.99	14.88
	增减	+26.55	+24.90	+0.90	+0.85
平均值	轻简	101.25	98.55	15.69	15.64
	传统	75.15	73.50	14.84	14.73
	增减	+26.10	+25.05	+0.85	+0.91

注：调查数据来源于耿马甘蔗技术推广站。

三、推广应用状况

耿马蔗区甘蔗轻简高效集成栽培技术在"十二五"期间得到了

较快发展，全县甘蔗推广应用面积从 2011 年的 14.3hm² 猛增到 2016 年的 3 680.1hm²，累计推广面积约超 1.2 万 hm²（表 7-9），为全县甘蔗产业转型升级、提质发展做出了重要贡献。耿马甘蔗轻简高效集成栽培技术简化了甘蔗生产管理程序，减少了劳动力投入，降低了甘蔗生产成本，同时增产增收效果明显，实现了蔗农收益最大化，带动了广大蔗农通过甘蔗产业实现脱贫致富。

表 7-9　植蔗乡镇甘蔗轻简高效集成技术示范推广面积统计表（hm²）

	耿马	四排山	勐永	贺派	勐撒	其他	合计
2011 年	14.3						14.3
2012 年	42.1		6.7				48.8
2013 年	515.5	275.1	343.8	268.3		10.0	1 412.7
2014 年	1 736.8	657.8	326.7	317.3	323.3	132.1	3 494.0
2015 年	1 802.0	663.9	334.0	324.0	326.7	134.7	3 585.3
2016 年	1 870.1	664.6	457.4	340.0	334.7	13.3	3 680.1
合计	5 980.8	2 261.4	1 468.6	1 249.6	984.7	290.1	12 235.2

注：调查数据来源于耿马甘蔗技术推广站。

四、效益分析

（一）增产增收效益明显

以宿根蔗为例，采用轻简高效集成栽培技术，施有效含量为 40%～54% 的 1 200kg/hm² 的缓（控）释肥，平均物化成本为 6 300 元/hm²（视不同肥料而定，范围为 5 400～7 200 元/hm²）；配套施用长效低毒农药，如用 600g/hm² 的 40% 氯虫·噻虫嗪水分散粒剂或 600ml/hm² 的 30% 氯虫·噻虫嗪悬浮剂或 600ml/hm² 的 70% 噻虫嗪种子处理可分散粒剂，平均物化成本为 900 元/hm²（30% 氯虫·噻虫嗪悬浮剂 900 元/hm²、40% 氯虫·噻虫嗪水分散粒剂 1 350 元/hm²、70% 噻虫嗪种子处理可分散粒剂 555 元/hm²）；用

112.5kg/hm^2 的地膜，物化成本为 2 250 元/hm^2；盖膜工时费为 1 875 元/hm^2；综合平均管理成本为 11 325 元/hm^2（不含收获用工）。轻简高效集成栽培技术的平均单产为 93t/hm^2，以 2016 年甘蔗价格 440 元/t 计算，产值为 40 920 元/hm^2。传统栽培甘蔗综合管理成本为 7 500 元/hm^2，平均单产为 67.5t/hm^2，以 2016 年甘蔗价格 440 元/t 计算，产值为 29 700 元/hm^2。甘蔗轻简高效集成栽培模式综合管理成本增加了 3 825 元/hm^2，收获成本增加了 2 250 元/hm^2，但单产提高了 25.5t/hm^2，产值增加了 11 220 元/hm^2，纯增收 5 145 元/hm^2，增收效益显著。按照 2016 年轻简高效集成栽培技术的甘蔗种植面积 3 680hm^2 来计算，产量增加了 9.38 万 t（相当于新增 1 333hm^2 蔗园），产值增加了 4 128 万元，蔗农收益增加了 1 893 万元。

（二）多元化发展综合增收效益明显

采用甘蔗轻简高效集成栽培技术，在整个生育期不再进行中耕管理，直至甘蔗收获，至少能减少 4 个管理环节（2 次施肥培土、1 次除草、1 次防虫），减少用工 45 个/hm^2，使蔗农每年的 6—11 月近半年的时间从甘蔗生产劳动中解放出来，发展其他产业。以耿马的忙东村蔗农岩亮家为例，2015 年种植甘蔗 3.3hm^2，全部采用甘蔗轻简高效集成栽培技术，甘蔗单产 102t/hm^2，总产量为 340t，产值为 14.96 万元；因采用轻简高效集成栽培技术，劳动力空闲，种植蔬菜 2hm^2，5 月种植 8 月收获蔬菜一次，9 月种植 12 月收获蔬菜一次，一季蔬菜产值 3.75 万元/hm^2，两季蔬菜的总产值 7.5 万元/hm^2。岩亮家仅种植甘蔗和蔬菜一年的收入就达到 22.46 万元，增收效果显著。甘蔗轻简高效集成栽培技术有效地缓解了劳动力供需矛盾，使广大蔗农实现了产业多元化发展，大幅增加了蔗农综合收益。

在耿马的"十三五"规划中，甘蔗产业仍然是十分重要的支柱产业。边疆少数民族蔗区如何在现代农业的高速发展中通过甘蔗产业实现精准脱贫、带动蔗区贫困农户全面实现小康，甘蔗轻简高效集成栽培技术不失为一条有效的途径。

第五节　甘蔗轻简高效集成栽培技术在
临沧南华蔗区的应用成效

近年来，根据云南甘蔗绿色轻简生产的科技需要，项目组结合云南甘蔗生产实际状况和自然气候条件，广泛开展了甘蔗绿色轻简生产技术试验示范，并进行了大面积推广应用，推动了云南甘蔗产业提质发展。

一、临沧南华蔗区大面积示范推广甘蔗一次性施肥＋全膜覆盖集成技术

（一）集成示范甘蔗一次性施肥＋全膜覆盖集成技术，增产增糖效果显著

2015—2017 年，课题组在临沧南华糖业有限公司的 10 个单元糖厂蔗区示范区累计随机抽取 440.75hm^2 进行实测产和检糖检测分析。以传统栽培技术为对照，对 10 个示范区的甘蔗进行实测产。3 年的示范结果表明，示范区的甘蔗实际增产幅度为 15.89～28.58t/hm^2，甘蔗平均增产 23.21t/hm^2；示范区的甘蔗蔗糖分提高 0.32～0.69 个百分点，蔗糖分平均提高 0.48 个百分点，详见表 7－10。

表 7－10　2015—2017 年甘蔗一次性施肥＋全膜
覆盖集成技术示范实测产和检糖汇总表

蔗区名称	年份	测产面积/hm^2	对照产量/（t/hm^2）	示范区产量/（t/hm^2）	甘蔗平均增产/（t/hm^2）	蔗糖分/%
	2015	3.52	3 549.15	4 767.90	23.09	0.44
双江	2016	5.11	4 985.25	6 770.10	23.28	0.48
	2017	6.90	7 009.35	9 412.35	23.22	0.43

（续）

蔗区名称	年份	测产面积/ hm²	对照产量/ （t/hm²）	示范区产量/ （t/hm²）	甘蔗平均增产/ （t/hm²）	蔗糖分/ %
勐省	2015	7.33	6 435.75	9 326.85	26.28	0.69
	2016	12.80	14 163.60	18 523.35	22.71	0.44
	2017	11.93	12 436.65	16 708.35	23.87	0.34
耿马	2015	5.31	5 397.60	7 215.90	22.85	0.57
	2016	20.96	19 510.50	27 571.65	25.65	0.57
	2017	5.33	4 885.20	6 452.10	19.59	0.43
华侨	2015	21.91	19 732.95	25 469.40	17.45	0.56
	2016	23.91	21 944.10	27 643.20	15.89	0.44
	2017	19.05	17 255.85	22 150.20	17.13	0.32
勐永	2015	13.74	16 200.00	21 000.00	23.30	0.58
	2016	14.15	15 950.40	21 014.85	23.87	0.61
	2017	11.53	12 020.40	15 985.95	22.92	0.37
南伞	2015	25.87	20 434.50	29 623.20	23.69	0.49
	2016	17.73	12 962.10	19 183.50	23.39	0.54
	2017	25.53	19 500.60	28 725.00	24.09	0.39
勐堆	2015	17.47	12 107.55	18 390.75	23.97	0.45
	2016	46.45	29 321.70	45 906.60	23.81	0.59
	2017	47.69	30 123.60	47 339.25	24.08	0.35
孟定	2015	4.40	2 819.10	4 379.10	23.64	0.53
	2016	4.50	3 370.05	4 961.85	23.58	0.49
	2017	5.10	4 033.50	5 824.65	23.42	0.38
晶鑫	2015	7.53	6 094.20	9 167.40	27.20	0.53
	2016	8.47	6 876.90	10 505.70	28.58	0.59
	2017	5.27	4 127.40	6 196.50	26.19	0.40
南汀河	2015	7.37	6 556.65	9 107.25	23.06	0.61
	2016	12.66	5 960.40	10 345.95	23.10	0.53
	2017	21.22	12 421.05	19 910.70	23.52	0.39

（续）

蔗区名称	年份	测产面积/ hm²	对照产量/ （t/hm²）	示范区产量/ （t/hm²）	甘蔗平均增产/ （t/hm²）	蔗糖分/ %
合计	2015	114.45	99 327.45	138 447.75		
	2016	166.74	135 045.00	192 426.75		
	2017	159.55	123 813.60	178 705.05		
	2015—2017	440.74	358 186.05	509 579.55		
平均值	2015				23.45	0.55
	2016				23.39	0.53
	2017				22.80	0.38
	2015—2017				23.21	0.48

（二）甘蔗一次性施肥＋全膜覆盖集成栽培技术要点

甘蔗一次性施肥＋全膜覆盖集成栽培技术可以有效地缓解劳动力紧缺的矛盾，实现甘蔗轻简化生产，节省甘蔗中耕除草、施肥等管理环节用工，达到节本的目的。主要技术要点如下：

1. 一次性施肥

在甘蔗种植时，应用甘蔗缓（控）释肥或配方复合肥，施足底肥，保证全生育期的甘蔗营养需求，每公顷施用 750～1 500kg 甘蔗缓（控）释肥（或再外加 225～300kg 尿素）或 1 200～1 800kg 配方复合肥，混合后均匀施于蔗沟，施肥后及时下种覆土。

2. 蔗园全地膜覆盖

在甘蔗下种覆土后，采用降解除草地膜或除草地膜进行全膜覆盖，采用膜厚 0.01mm、幅宽 1.5m 或 3m 的地膜，沿蔗沟垂直方向逐幅覆盖，两幅地膜边缘重叠 10cm 左右，在地膜边缘及重叠处用细土压紧、压实，宽度为 10cm 左右；在蔗沟正上方的地膜区域用细土沿蔗沟方向进行覆土，厚度为 3～5cm。

该技术采用的全膜覆盖基本上阻隔了 100％面积的土壤水分蒸发，在膜下形成的凝结水珠又返回土壤，有效地减少了蒸发失热，提高了土壤温度和含水量，为甘蔗生长提供了良好的水热条件。

二、临沧南华蔗区的推广应用情况

（一）推广应用面积

2015—2017 年，临沧南华糖业有限公司 10 个单元糖厂蔗区累计推广应用甘蔗轻简高效集成栽培技术 48 533.41hm²，其中，2015 年 8 505.64hm²、2016 年 15 774.29hm²、2017 年 24 253.48hm²。10 个单元糖厂蔗区推广应用面积详见表 7 - 11。

表 7 - 11　临沧南华 10 个单元糖厂蔗区甘蔗轻简

高效集成栽培技术应用面积汇总表（hm²）

年份	临沧南华 10 个单元糖厂蔗区推广应用面积										合计
	双江	勐省	耿马	华侨	勐永	南伞	勐堆	晶鑫	孟定	南汀河	
2015	313.94	875.65	2 958.40	1 388.61	1 107.30	393.15	1 084.97	141.55	130.08	111.99	8 505.64
2016	665.28	1 614.83	4 103.13	2 244.33	2 256.25	2 132.77	1 087.30	461.47	854.14	354.79	15 774.29
2017	1 185.39	2 215.52	4 827.83	3 221.62	2 730.41	3 826.54	1 682.15	1 136.14	3 082.52	345.36	24 253.48
小计	2 164.61	4 706.00	11 889.36	6 854.56	6 093.96	6 352.46	3 854.42	1 739.16	4 066.74	812.14	48 533.41

（二）应用效益分析

1. 经济效益

2015—2017 年，在临沧南华蔗区示范应用甘蔗轻简高效集成栽培技术约 4.85 万 hm²，实现甘蔗农业单产平均增加 23.21t/hm²，实现甘蔗农业累计增产 112.65 万 t，甘蔗收购价按南华蔗区平均值 450 元/t（一类品种）计算，甘蔗砍收工费按 120 元/t 计算，促进蔗农增收 3.72 万元。示范区蔗农增收 5 243.55 ～ 9 429.15 元/hm²，实现蔗农平均增收 7 556.70 元/hm²。增加蔗糖产量 13.96 万 t，累计实现工业产值增加 6.86 亿元。实现新增产值 19 777.84 万元，新增销售收入 58 624.55 万元，新增利润

7 186.00 万元，新增税收 5 929.47 万元。同时，项目实施辐射带动全省应用甘蔗轻简高效集成栽培技术 8.55 万 hm^2，带动全省甘蔗产量、产糖量提高，实现了更大的经济效益。

2. 社会效益

课题组针对甘蔗生产效益低的重大关键问题，以现代生产物资研发应用为基础，攻克了甘蔗缓（控）释肥、降解除草地膜等技术，形成了现代甘蔗水肥轻简生产技术，切实提高了产业竞争力，引领了产业健康发展，为保障国家食糖安全、保障边疆少数民族地区经济支柱产业健康发展做出了重要贡献，也得到社会各界的广泛关注。

3. 生态效益

课题组应用轻简技术施药，只需在甘蔗种植时将缓（控）释高效低毒农药与肥料混合后一次性施用，用量少，效果好，有利于蔗区环境保护。施用的肥料为配方缓（控）释肥，可减少肥料的使用量和提高肥料的利用率。推广应用过程中可减少蔗区化肥、农药使用量，符合国家对化肥、农药零增长的要求，有利于保护自然生态环境。

第六节　甘蔗轻简高效集成栽培技术在云南及我国境外的应用成效

近年来，甘蔗绿色高效集成栽培技术除在云南临沧蔗区大面积推广应用外，还辐射带动了云南其他蔗区甚至省外和境外蔗区的推广应用。

一、甘蔗轻简高效集成栽培技术在云南蔗区的推广情况

目前，云南旱地甘蔗面积占植蔗面积的 70% 以上。但长期以来，云南冬春干旱的气候条件严重影响旱地甘蔗产量，致使旱地甘蔗单产在 45t/hm^2 上下波动；加上传统的旱地甘蔗生产还需要追肥、中耕除草、培土等管理环节，费工费时，不利于节约生产成

本。实践证明，甘蔗一次性施肥＋全膜覆盖集成栽培技术是提高甘蔗单产、糖分和简化甘蔗生产程序的重要途径，是提高甘蔗生长发育时期肥料利用率的有效措施。

针对旱地蔗区冬春少雨干旱和云南甘蔗生产费工费时的关键问题，项目组改变甘蔗传统的栽培制度，将甘蔗传统的两次施肥＋窄膜覆盖栽培制度改变为一次性施肥＋降解除草地膜（或除草地膜）全覆盖栽培制度，充分利用全膜覆盖栽培保墒保温、除草保肥的特性，以临沧蔗区为核心大规模推广应用了全膜覆盖栽培下的甘蔗一次性施肥技术，取得了显著的应用效果。该技术通过在临沧蔗区的成功应用，辐射带动了全省其他主产蔗区的快速发展，甚至推广应用到缅甸、老挝等境外蔗区，深受境外蔗农的喜爱。

2016—2018 年，课题组在云南的 8 个州（市）33 个县（区、市）蔗区累计推广甘蔗一次性施肥＋全膜覆盖集成栽培技术约 13.68 万 hm^2，其中临沧蔗区应用约 8.44 万 hm^2、德宏蔗区应用约 0.56 万 hm^2、保山蔗区应用约 1.62 万 hm^2、普洱蔗区应用约 0.79 万 hm^2、西双版纳蔗区应用约 0.85 万 hm^2、红河蔗区应用约 0.51 万 hm^2、文山蔗区应用约 0.47 万 hm^2、玉溪蔗区应用约 0.46 万 hm^2，且各主产蔗区应用面积均呈现出逐年快速增长的趋势（图 7-1）。

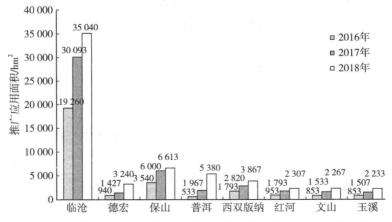

图 7-1　甘蔗一次性施肥＋全膜覆盖集成栽培技术推广应用面积

二、甘蔗轻简高效集成栽培技术在境外蔗区的推广情况

近年来，该技术成果还推广应用到缅甸、老挝等国家，深化了跨境农业合作，在境外替代种植中发挥了积极的作用。该技术成果帮助境外蔗农增加了种蔗收益，深受境外蔗农的欢迎。项目组紧紧抓住云南农业对外开放新机遇，以服务和融入"一带一路"建设为重点，在更高起点、更高层次、更高目标上充分发挥了甘蔗产业在境外农业合作中的先导、先锋作用，以及云南面向南亚、东南亚辐射中心的作用。

该技术成果除在云南蔗区广泛应用外，还推广应用到缅甸的果敢、克钦邦、掸邦、密支那蔗区和老挝的南塔蔗区，3 年累计推广应用约 6.81 万 hm^2，其中缅甸果敢蔗区累计推广应用约 4.00 万 hm^2，缅甸的克钦邦、掸邦、密支那蔗区累计推广应用约 0.93 万 hm^2，老挝的南塔蔗区累计推广应用约 1.88 万 hm^2（图 7-2）。在当前请工难、用工贵的大背景下，该技术推广应用前景广阔。

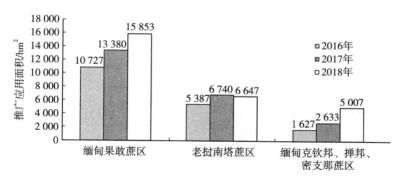

图 7-2 境外蔗区甘蔗绿色轻简高效集成栽培技术推广应用面积

参 考 文 献

代光伟，陈国伟，邓军，2016. 关于云南甘蔗轻简高效生产技术发展的思考〔J〕. 中国糖料，38（4）：72-74.

刀静梅，刘少春，张跃彬，等，2015. 地膜全覆盖对旱地甘蔗性状及土壤温湿度的影响［J］. 中国糖料，37（1）：22-23.

邓军，刀静梅，樊仙，等，2017. 不同轻简高效栽培模式对新植甘蔗产质量及经济效益的影响［J］. 中国糖料，39（4）：11-13，17.

邓军，董大荣，李勇，等，2010. 耿马县蔗糖产业现状及发展对策［J］. 亚热带农业研究，6（3）：213-216.

邓军，张跃彬，2016. 云南"十三五"甘蔗产业发展优势及思路［J］. 中国糖料，38（2）：66-69.

董合忠，2011. 滨海盐碱地棉花轻简栽培：现状、问题与对策［J］. 中国棉花，38（12）：2-4.

樊仙，张跃彬，郭家文，等，2015. 不同地膜覆盖对耕层土壤温度及甘蔗出苗的影响［J］. 中国糖料，37（6）：10-12.

何建兴，1998. 甘蔗良种良法栽培配套技术在蔗糖生产中的地位与经济价值［J］. 中国糖料（6）：6-8，34.

黄健，黄瑶珠，陈东城，等，2013. 甘蔗除草光降解地膜的应用推广效果及效益研究［J］. 安徽农业科学，41（35）：13521-13522，3535.

黄梅燕，廖锦鹏，李勋，等，2013. 国家第8轮甘蔗品种区试广西崇左市农业科学研究所试验点结果分析［J］. 甘蔗糖业（3）：1-5.

黄小凤，黄梅燕，农永前，等，2014. 国家甘蔗品种第九轮区试崇左点结果分析［J］. 中国糖料（4）：16-18.

黄秀芳，孙旭明，孙敬东，2004. 优质油菜轻简高效栽培技术研究［J］. 江苏农业科学（2）：17-21.

黄振瑞，陈迪文，江永，等，2015. 施用缓释肥对甘蔗干物质积累及氮素利用率的影响［J］. 热带作物学报，36（5）：860-864.

黎焕光，谭裕模，谭芳，等，2011. 强宿根性丰产高糖甘蔗新品种桂糖31号的选育［J］. 种子，30（8）：116-118.

李媛甜，肖培先，李翠英，等，2016. 国家甘蔗品种第四轮集成示范试验德宏点评价［J］. 中国糖料，38（5）：13-15.

李成宽，屈再乐，张贵苍，等，2017. 地膜全覆盖对旱地甘蔗产质量及效益的影响［J］. 中国糖料，39（1）：26-27.

李翠英，杨新华，张永港，等，2012. 缓释肥在甘蔗上的施用效果初探［J］. 中国糖料（1）：30-32.

李奇伟，邓海华，2011. 当前我国甘蔗品种选育与推广中存在的突出问题及

对策 [J]. 甘蔗糖业（4）：70 - 76.

李松，刘斌，余坤兴，等，2013. 缓释肥对新植蔗生长效果的研究 [J]. 中国糖料（1）：14 - 17.

李言春，施立科，李春燕，等，2017. 国家第 10 套甘蔗品种保山点区域试验总结 [J]. 中国糖料，39（1）：13 - 15.

李言春，石红军，白志刚，等，2013. 国家甘蔗品种第八轮区域保山点表现 [J]. 中国糖料（4）：15 - 17，20.

刘少春，张跃彬，郭家文，等，2015. 少雨干旱地区地膜全覆盖对旱地甘蔗产量和糖分质量的影响 [J]. 节水灌溉（7）：43 - 45.

罗俊，许莉萍，邱军，等，2015. 基于 HA - GGE 双标图的甘蔗试验环境评价及品种生态区划分 [J]. 作物学报，41（2）：214 - 227.

罗俊，张华，邓祖湖，等，2013. 应用 GGE 双标图分析甘蔗品种（系）的产量和品质性状 [J]. 作物学报，39（1）：142 - 152.

施立科，石红军，丁春华，等，2017. 甘蔗施用缓释肥和复混肥的效果 [J]. 中国糖料，39（1）：30 - 31，34.

谭芳，黎焕光，谭裕模，等，2013. 甘蔗新品种桂糖 31 号丰产性及稳产性分析 [J]. 江苏农业科学，41（2）：99 - 101.

唐吉昌，董有波，王冬蓝，等，2015. 临沧市蔗区甘蔗全膜覆盖对比试验 [J]. 甘蔗糖业（1）：11 - 14.

唐吉昌，罗正清，王冬蓝，等，2014. 全国第 8 轮甘蔗新品种区域试验（临沧）试验点结果分析 [J]. 甘蔗糖业（2）：1 - 7.

王树林，刘好宝，史万华，等，2010. 论烟草轻简高效栽培技术与发展对策 [J]. 中国烟草科学，31（5）：1 - 6.

王文荣，杨子林，李勇，2011. 甘蔗快锄低砍技术增产效果 [J]. 中国糖料（1）：48 - 49.

魏兰，邓军，2017. 耿马县甘蔗种植应用轻简高效集成栽培技术初见成效 [J]. 中国糖料，39（2）：42 - 44.

文明富，杨俊贤，潘方胤，等，2016. 甘蔗遗传改良研究进展 [J]. 广东农业科学，43（6）：58 - 63.

吴才文，2005. 甘蔗亲本创新与突破性品种培育的探讨 [J]. 西南农业学报（6）：858 - 861.

吴才文，赵俊，刘家勇，等，2014. 现代甘蔗种业 [M]. 北京：中国农业出版社：11 - 12，190.

吴才文，赵培方，夏红明，等，2014. 现代甘蔗杂交育种及选择技术 [M]. 北京：科学出版社：7-8.

吴洁敏，吴静妮，陆国盈，等，2015. 两种缓释肥在新植甘蔗上的应用效果研究 [J]. 广东农业科学（21）：15-20.

徐良年，邓祖湖，林彦铨，等，2014. 甘蔗新品种福农 38 号的选育与评价 [J]. 中国糖料（2）：4-6.

许树宁，吴建明，黄杏，等，2016. 不同揭膜期对南宁春植蔗生产及蔗茎产量的影响 [J]. 热带作物学报，37（1）：75-79.

薛晶，马泽辉，何文志，等，2013. 甘蔗地膜全覆盖栽培经济效益分析 [J]. 广西蔗糖（3）：6-8.

杨绍聪，陈学宽，吉学进，等，2013. 耿马县甘蔗抗旱新品种新植展示试验分析 [J]. 中国糖料（2）：42-43.

杨友军，高旭华，黄瑶珠，等，2016. 甘蔗除草地膜全膜覆盖轻简栽培技术 [J]. 甘蔗糖业（2）：41-43.

俞华先，杨李和，周清明，等，2013. 国家第八轮区试甘蔗新品系在云南瑞丽点表现的 DTOPSIS 法评价 [J]. 南方农业学报，44（10）：1613-1617.

张宏春，王先，肖培先，等，2017. 云南省甘蔗新品种生产示范德宏点评价 [J]. 中国糖料，39（3）：11-13.

张洪熙，赵步洪，杜永林，等，2008. 小麦秸秆还田条件下轻简栽培水稻的生长特性 [J]. 中国水稻科学，22（6）：603-609.

张华，沈胜，罗俊，等，2009. 关于我国甘蔗机械化收获的思考 [J]. 中国农机化（4）：15-17.

张跃彬，邓军，2015. 甘蔗产业研究 [M]. 北京：中国农业出版社.

张跃彬，邓军，陈跃，等，2013. 云南高原特色甘蔗产业发展与技术战略研究 [M]. 北京：中国农业出版社：42-45.

张跃彬，吴才文，2016. 云南甘蔗品种改良提高出糖率对我国蔗区的启示 [J]. 中国糖料，38（6）：71-73.

张跃彬，吴才文，2017. 国内外甘蔗产业技术进展及发展分析 [J]. 中国糖料，39（3）：47-50.

张跃彬，吴正焜，刘少春，2004. 云南双高甘蔗标准化综合技术 [M]. 云南：云南科学技术出版社：1，133-136.

赵俊，吴才文，何明德，等，2016. 云蔗 05-51、柳城 05-136 在云南省耿马蔗区的丰产性及稳产性分析 [J]. 亚热带农业研究，12（3）：151-155.

赵俊，夏红明，昝逢刚，等，2016. 水、旱栽培条件下 5 个甘蔗新品种灰色关联度多维综合评价 [J]. 热带作物学报，37（11）：2138 - 2144.

周正权，赵刚，赵丽丽，等，2015. 不同轻简栽培方式对水稻生长发育、产量及效益的影响 [J]. 中国稻米，21（3）：53 - 56.

GAO Y H, XIE Y P, JIANG H Y, et al., 2014. Soil water status and root distribution across the rooting zone in maize with plastic film mulching [J]. Field Crops Res, 156：40 - 47.

HU B, JIA Y, ZHAO Z H, et al., 2012. Soil P availability, inorganic P fractions and yield effect in a calcareous soil with plastic - film - mulched spring wheat [J]. Field Crops Res, 137：221 - 229.

XU S N, WU J M, HUANG X, et al., 2015. Effects of different plastic films mulching on soil temperature and moisture, the growth and yield of sugarcane [J]. Agricultural Science & Technology, 16（9）：2073 - 2076.

第八章

甘蔗轻简高效栽培技术标准与发展

第一节 标准制定情况

农业标准化是农产品质量安全工作的基础，是农业现代化的重要标志。习近平总书记提出的农产品质量安全是"产出来"的，保证农业生产全程受控的要求，就是农业标准化生产的具体落实。多年来，我国一直高度重视农产品质量安全工作，大力推进农业标准化，促进农业可持续发展。近年来，随着我国甘蔗产业的不同发展，甘蔗标准化技术得到了较快发展。云南省农业科学院甘蔗研究所结合低纬度高原蔗区的生态条件和现代化甘蔗产业发展对甘蔗科技的需求，加强了对云南甘蔗标准化现状的研究，分析了云南甘蔗标准化建设存在的标准落后和体系不健全等问题，加快了对甘蔗标准技术体系的建设，促进了云南甘蔗生产技术向标准化、规范化技术体系发展，促进了云南甘蔗产业的提质发展。

甘蔗标准化是指以甘蔗科学技术和实践经验为基础，按照"简化、统一、协调、优选"的原理，把最新的甘蔗科研成果、先进技术和成熟的经验转化成产业标准，用以指导、规范甘蔗种植、产品加工，达到提高甘蔗产品的产量、质量和经济、社会、生态效益的过程。甘蔗标准化直接关系到甘蔗及产品市场化、产业化、集约化、现代化的实现，是建设现代农业的重要抓手和增强中国甘蔗产业市场竞争力的重要举措。随着甘蔗产业的不断发展，甘蔗产业的标准化工作越来越引起人们的重视。截至 2009 年，国内已发布的有关甘蔗产业的国家和行业标准 38 项，其中国家标准 10 项、行业标准 28 项。从发布时间上分析，在 1981 年首次发布行业标准；

1981—2000 年，累计发布甘蔗产业国家和行业标准 8 项；2000—2009 年，累计发布国家和行业标准 20 项。显然，进入 21 世纪后中国甘蔗产业标准化工作呈现出加速发展的态势。

随着甘蔗标准化技术的发展，云南省农业科学院甘蔗研究所在甘蔗农机农艺技术标准制定方面也取得了较快发展。2010 年以来，云南省农业科学院甘蔗研究所农艺研究中心制定了甘蔗轻简栽培方面的地方标准 7 项，其中甘蔗高产高糖栽培技术标准 3 项、甘蔗机械化生产技术标准 2 项、甘蔗原料收购技术标准 1 项、甘蔗地膜覆盖技术标准 1 项（标准内容见附录一至附录七）。

第二节 标准发展趋势

农业技术标准是新经济时代发展的必然产物。随着农业信息技术和数字技术的发展，农业产品或农业技术成果的技术含量越来越高，其带来的经济、社会、生态效益也更加可观。随着我国甘蔗产业的快速发展，甘蔗标准越来越受到蔗糖界的广泛重视，甘蔗传统农艺技术向标准化、规范化技术发展已成必然趋势。甘蔗技术标准是重复性的技术事项在蔗糖领域一定范围内的统一规定，具有生产属性（生产性标准）。在全球化背景下，加快推进甘蔗标准化建设对发展现代甘蔗产业、增加蔗农收入、振兴农村经济、确保甘蔗产品的消费安全，以及推动甘蔗标准化技术快速发展均具有重要意义。

随着甘蔗产业的发展和科技的进步，甘蔗产业标准化的领域和范围也在不断拓展和延伸。甘蔗的种植、生态培育，蔗糖生产，蔗产品加工、开发和利用等都成为当前甘蔗产业标准化的热点领域。如在甘蔗的种植领域，早在 1981 年就有学者开展了旱地糖料甘蔗高产栽培技术规程的研究，进入 21 世纪，甘蔗作为最重要的糖料作物、经济作物和重要的可再生能源作物，其标准化工作远没有跟上产业发展的步伐。甘蔗产业标准不仅数量少、分布不均衡，而且覆盖面不够。以云南农艺农机标准为例，其标准应涵盖甘蔗种苗、原料生产、蔗区土壤培肥、蔗叶还田、地膜回收利用、原料蔗收购等诸多方面，但目前云南由于缺乏健全和完备的标准，导致各制糖企业各行其是，使甘蔗原料质量参差不齐，影响了蔗糖产业的发展，也严重影响了中国甘蔗产业的市场竞争力。因此，加快高原特色甘蔗标准体系的建设势在必行。

农业标准涵盖了农业生产的产地环境、产品、质量安全、生产操作规程、园区建设、动物防疫、认定认证、包装标识、检测检验等各个方面。近年来，随着云南省低纬度高原特色甘蔗产业的发展，甘蔗产业对标准化农艺农机技术的需求十分迫切，特别是甘蔗绿色种植技术、机械化生产技术、蔗区土壤培肥技术、信息化管理技术等方面成为了甘蔗种植标准领域研究的重点。云南省农业科学院甘蔗研究所农艺研究中心和现代农业装备研究中心将立足云南高原特色甘蔗产业发展的实际，结合国内甘蔗农艺农机发展现状，重点在甘蔗绿色持续丰产栽培技术、山地甘蔗机械化生产技术、蔗区土壤培肥技术、蔗糖企业废弃物综合利用技术、蔗叶还田管理技术、互联网＋甘蔗生产技术、地膜回收利用技术等方面开展大量研究与示范工作，并总结形成适宜云南蔗区生态环境和山地地形的甘蔗农艺农机标准化技术，推动云南高原特色甘蔗产业可持续发展。

在甘蔗绿色持续丰产栽培技术方面，应重点解决宿根持续丰产的科学问题，从提高宿根甘蔗产量、糖分和延长宿根年限入手，如研究制定甘蔗低铲蔸延长宿根年限技术标准、宿根蔗高效管理技术规程、新植甘蔗深播栽培技术规程等。在山地甘蔗机械化生产技术方面，结合云南核心糖料基地的建设，应重点解决山地坡大地小的关键问题，研究制定核心糖料基地机械化生产技术规程、甘蔗农机农艺融合技术规程、机收后宿根甘蔗生产管理技术规程等。在蔗区土壤培肥技术方面，目前几乎无任何标准制定，是最薄弱的环节，应重点突破有机甘蔗生产产地保护标准、蔗区土壤质量控制标准、蔗叶粉碎还田培肥地力规程、化肥减施增效技术规程、有机无机肥料科学施用规程等。在蔗糖企业废弃物综合利用技术方面，加快对酒精废醪液还田技术规程、滤泥有机肥施用技术规程、蔗渣科学利用技术规程等的研究，形成标准化技术。在互联网＋甘蔗生产技术方面，应充分结合互联网的优势，加快制定互联网＋甘蔗原料管理技术标准、互联网＋甘蔗种植信息管理技术标准、互联网＋蔗款结算技术标准、互联网＋甘蔗砍运技术标准，以及手机软件系统的管理规程等。在甘蔗地膜回收利用技术方面，应避免白色污染问题，发展甘蔗绿色生产技术，应加快研究和总结形成甘蔗普通聚乙烯地膜收回技术标准、完全生物降解地膜覆盖技术规程、光降解地膜覆盖技术规程等。

在加强甘蔗农艺农机技术标准制定的同时，还应该加强甘蔗产业标准的宣传和服务工作。因此，要强化甘蔗产业信息服务平台的建设，逐步形成连接国内外市场、覆盖甘蔗生产和消费的标准化信息服务。有关部门应搜集世界及中国有关甘蔗产品质量和卫生安全的法规、检测方法及限量要求，发挥世界贸易组织/贸易技术壁垒（WTO/TBT）咨询站、标准服务研究所等单位的作用，健全甘蔗标准收集、查询、传递、反馈渠道，为蔗农和社会提供技术信息服务。在此基础上，蔗区各级政府和有关部门要逐步建立高效的甘蔗产业标准推广体系，加大标准宣传力度，进行不同形式的培训，使蔗农和蔗产品生产企业了解标准、掌握标准，自觉地按照产业标准、产业规范组织和管理生产。另外，还应加大甘蔗产业标准实施和协调的力度。要建立健全甘蔗标准化监督体系，完善甘蔗生产资料、生态环境等方面的监测网络，严格按照已经制定出台的甘蔗产业标准和规范进行操作，用标准指导甘蔗生产、加工、管理、营销的全过程，引导蔗农合理施肥、科学用药。应加强部门之间的协调，彻底改变部门间在制定标准上的割裂状态。在具体标准的制定上要强调企业与科研部门的共同参与，既使得标准的制定符合中国甘蔗产业发展的客观实际，也能较好地体现标准的前瞻性。要加大甘蔗标准实施的监督检查力度，全面建立以甘蔗产品质量安全监管为主的监督检查体系，把甘蔗标准化贯穿于甘蔗产品从蔗田到食用的质量监管全过程中，确保人民群众真正享受到甘蔗标准化体系建设的成果。

参 考 文 献

国家标准化管理委员会，2003. 农业标准化 [M]. 北京：中国计量出版社.

郝文革，刘建华，杜维春，等，2018. 我国农业标准化生产的实践与思考 [J]. 中国食物与营养，24（1）：15-17.

卢家炯，易红玲，黎庆涛，2004. 广西糖业发展的若干问题研究 [J]. 甘蔗糖业（1）：49-52.

罗凯，2003. 树立科学的甘蔗糖业观 [J]. 中国糖料（1）：58-60.

罗凯，2005. 试谈甘蔗糖业标准化 [J]. 中国糖料（4）：56-58.

彭成圆，蒋和平，刘学瑜，等，2015. 我国推进农业标准化实践探索与政策建议 [J]. 中国食物与营养（3）：9-11.

王海明，2016. 推进农业标准化工作的措施与建议 [J]. 现代农业科技（4）：310-312.

吴棉国，林彦铨，2011. 大力推进甘蔗标准化体系建设的对策及建议 [J]. 中国农学通报，27（1）：456-460.

尹兴祥，张跃彬，2010. 关于中国发展甘蔗糖业循环经济的思考 [J]. 中国糖料（2）：77-78.

张艳玲，方晓华，罗金辉，等，2016. 新时期我国农业标准化工作的思考 [J]. 农业科技管理，35（1）：59-62.

云南省农业科学院滇南农产品检测中心

　　云南省农业科学院甘蔗研究所滇南农产品检测中心配有日本岛津 AA6300 原子吸收分光光度计、日本岛津 GC－2014 气相色谱仪、美国 WatersE2695 液相色谱仪、瑞士布其 K314 定氮仪、UV754 紫外可见分光光度计、AFS8230 原子荧光光度计等先进仪器，有检测人员 13 人，其中研究员 1 人、副研究员 3 人、硕士 3 人、分析工 10 人。可开展甘蔗、糖品、土壤、肥料和农产品等分析测试及检测技术科学研究工作。

　　检测中心设有业务室、甘蔗糖品检测室、土壤检测室等，运行严格的质量管理体系规范着检测中心对外、对内的行为，严格按照相关标准检测分析，保证出具的检测数据科学、公正、准确。2012 年 8 月，检测中心首次通过实验室检测资质认定，具备国家有关法律、行政法规规定的基本条件和能力，可以向社会出具有证明作用的数据和结果。

　　检测中心秉承"科学、公正、高效、准确"的工作方针，争取做好检测服务工作！

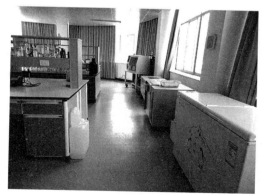

云南省农业科学院甘蔗研究所
滇南作物抗寒研究平台

作物抗寒性是农作物抗逆性和适应性的重要指标之一，抗寒性鉴定是作物抗性的关键研究工作，也是科学布局作物生产的重要手段。为提高作物抗性研究水平，云南省农业科学院甘蔗研究所近年来通过承担云南省财政专项和国家现代产业体系任务，建立了滇南作物抗寒鉴定研究平台，可对所有作物抗寒性指标进行鉴定，包括形态指标、生理指标、生化指标和生态指标等。

滇南作物抗寒鉴定研究平台位于云南省红河哈尼族彝族自治州开远市灵泉东路363号，隶属云南省农业科学院甘蔗研究所。目前拥有低温胁迫空间50.4m²，低温胁迫空间长12.0m、宽4.2m、高7.0m，特别适宜中大型植株的抗寒性鉴定。低温胁迫空间配套有制冷机组（比泽尔半封机：10.2P）、冷风机（铝壳电化霜冷风机：DD60）、膨胀阀（TEX系列）、制冷剂（R22）、数显电脑全自动电控柜（10.2P）等，可以控制在−5℃、−4℃、−3℃、−2℃、−1℃、0℃以及更高温度，对作物进行不同时间的低温胁迫处理和鉴定。

在低温胁迫鉴定研究上，平台配套了切片机（HHQ-3658）、体视显微镜（OMT-2000D）、生物显微镜（OLYMPUS BX41-

32P02)、染色体图像分析系统（ZEISS Axioskop）、离心机（Thermo Scientific Fresco21）、梯度 PCR 扩增仪（Bio‑rad C1000Touch）、超微量可见紫外分光光度计（BioDrop Lite PC）、凝胶成像分析系统（Bio‑Rad ChemiDoc MP）等先进检测分析仪器，可实现作物形态、生理、生化、分子指标的抗寒性研究。低温胁迫室完全模拟自然低温降温过程，可实现多种作物类型的研究，热忱欢迎滇南科研院所和大专院校到滇南作物抗寒研究平台开展相关鉴定科研工作。

抗寒性检测指标

形态学指标	植株伤害程度、叶形态指标、茎的水分疏导能力、株型、花粉败育率等
生长发育指标	萌发率、存活率、生长状况指标（生长速度、株高、叶数等）
生理生化指标	根系活力、水分状况（水势、相对含水量、束缚水/自由水等）、气孔调节能力（气孔开度、蒸腾速率、冠层温度等）、水分利用效率、膜生理（质膜透性、膜脂过氧化程度）、渗透调节能力（脯氨酸累积能力、总游离氨基酸积累能力、可溶性糖积累能力等）、物质和能量代谢（光合作用、呼吸作用、核酸代谢等）、内源激素（IAA、ABA、GA 等）
产量性状指标	生物量、经济产量、有效成分含量等

低温胁迫研究室外景

低温胁迫研究室内景

重点实验室

样品处理实验室

切片机（HHQ－3658）

离心机（Thermo
Scientific Fresco21）

液相色谱仪（Waters E2695）

气相色谱仪（GC－2014）

体视显微镜（OMT - 2000D）

生物显微镜（OLYMPUS BX41 - 32P02）

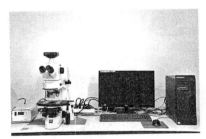

染色体图像分析系统
（ZEISS Axioskop）

凝胶成像分析系统
（Bio - Rad ChemiDoc MP）

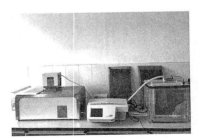

双向电泳仪（Bio - rad）

冷冻离心机（Eppendorf 5804R）

梯度 PCR 扩增仪
（Bio－rad C1000Touch）

超微量可见紫外分光光度计
（BioDropLite PC）

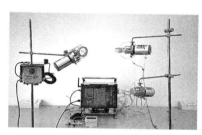

植物光合生理及环境监测系统
（PTM－48A）

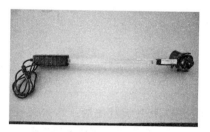

植物冠层数字图像分析仪
（CI－110）

图书在版编目（CIP）数据

甘蔗轻简高效栽培技术理论与实践／邓军等主编．
—北京：中国农业出版社，2020.3
ISBN 978-7-109-26535-6

Ⅰ.①甘… Ⅱ.①邓… Ⅲ.①甘蔗－栽培技术 Ⅳ.
①S566.1

中国版本图书馆 CIP 数据核字（2020）第 021866 号

中国农业出版社出版

地址：北京市朝阳区麦子店街 18 号楼
邮编：100125
责任编辑：阎莎莎　　文字编辑：赵钰洁
版式设计：杜　然　　责任校对：吴丽婷
印刷：中农印务有限公司
版次：2020 年 3 月第 1 版
印次：2020 年 3 月北京第 1 次印刷
发行：新华书店北京发行所
开本：880mm×1230mm　1/32
印张：7.25
字数：247 千字
定价：30.00 元
